装配式建筑丛书

U0171484

装配式建筑设计实务与示例

江 苏 省 住 房 和 城 乡 建 设 厅
江苏省住房和城乡建设厅科技发展中心
编著

东南大学出版社
SOUTHEAST UNIVERSITY PRESS
·南京·

内 容 提 要

本书介绍了国内外装配式建筑的发展历史及我国装配式建筑发展的相关政策背景,以及装配式四大系统的构成及前期技术策划的重要内容。结合具体工程案例,重点介绍了装配式建筑的平面设计、立面设计、外围护系统设计、装配化装修设计等相关内容。最后,介绍了3个装配式建筑的典型工程案例,供广大建筑师参考。

图书在版编目(CIP)数据

装配式建筑设计实务与示例 / 江苏省住房和城乡建设厅,江苏省住房和城乡建设厅科技发展中心编著. —南京:东南大学出版社,2021.8
　(装配式建筑丛书)
　ISBN 978 - 7 - 5641 - 9585 - 4

　Ⅰ. ①装…　Ⅱ. ①江…　②江…　Ⅲ. ①装配式构件-建筑设计　Ⅳ. ①TU3

中国版本图书馆 CIP 数据核字(2021)第 123756 号

装配式建筑设计实务与示例
Zhuangpeishi Jianzhu Sheji Shiwu Yu Shili
江 苏 省 住 房 和 城 乡 建 设 厅
江苏省住房和城乡建设厅科技发展中心　编著

出版发行　东南大学出版社
社　　址　南京市四牌楼 2 号　邮编:210096
出 版 人　江建中
责任编辑　丁　丁
编辑邮箱　d. d. 00@163. com
网　　址　http://www. seupress. com
电子邮箱　press@seupress. com
经　　销　全国各地新华书店
印　　刷　南京玉河印刷厂
版　　次　2021 年 8 月第 1 版
印　　次　2021 年 8 月第 1 次印刷
开　　本　787 mm×1 092 mm　1/16
印　　张　14
字　　数　306 千
书　　号　ISBN 978-7-5641-9585-4
定　　价　98.00 元

本社图书若有印装质量问题,请直接与营销部联系。电话(传真):025-83791830

序

  建筑业是国民经济的支柱产业,建筑业增加值占国内生产总值的比重连续多年保持在 6.9% 以上,对经济社会发展、城乡建设和民生改善作出了重要贡献。但传统建筑业大而不强、产业化基础薄弱、科技创新动力不足、工人技能素质偏低等问题较为突出,越来越难以适应新发展理念要求。2020 年 9 月,国家主席习近平在第七十五届联合国大会一般性辩论上表示,中国将提高国家自主贡献力度,采取更加有力的政策和措施,二氧化碳排放力争于 2030 年前达到峰值,努力争取 2060 年前实现碳中和。推进以装配式建筑为代表的新型建筑工业化,是贯彻习近平生态文明思想的必然要求,是促进建设领域节能减排的重要举措,是提升建筑品质的必由之路。

  作为建筑业大省,江苏在推进绿色建筑、装配式建筑发展方面一直走在全国前列。自 2014 年成为国家首批建筑产业现代化试点省以来,江苏坚持政府引导和市场主导相结合,不断加大政策引领,突出示范带动,强化科技支撑,完善地方标准,加强队伍建设,稳步推进装配式建筑发展。截至 2019 年底,全省累计新开工装配式建筑面积约 7800 万 m^2,占当年新建建筑比例从 2015 年的 3% 上升至 2019 年的 23%,有力促进了江苏建筑业迈向绿色建造、数字建造、智能建造的新征程,进一步提升了"江苏建造"影响力。

  新时代、新使命、新担当。江苏省住房和城乡建设厅组织编写的"装配式建筑丛书",采用理论阐述与案例剖析相结合的方式,阐释了装配式建筑设计、生产、施工、组织等方面的特点和要求,具有较强的科学性、理论性和指导性,有助于装配式建筑从业人员拓宽视野、丰富知识、提升技能。相信这套丛书的出版,将为提高"十四五"装配式建筑发展质量、促进建筑业转型升级、推动城乡建设高质量发展发挥重要作用。

  是以为序。

清华大学土木工程系教授(中国工程院院士)　

2020 年 11 月

丛 书 前 言

　　江苏历来是理想人居地的代表，但同时也是人口、资源和环境压力最大的省份之一。作为全国经济社会的先发地区，截至 2019 年年底，江苏的城镇化水平已达到 70.6%，超过全国同期水平 10 个百分点。江苏还是建筑业大省，2019 年江苏建筑业总产值达 33 103.64 亿元，占全国的 13.3%，产值规模继续保持全国第一；实现建筑业增加值 6 493.5 亿元，比上年增长 7.1%，约占全省 GDP 的 6.5%。江苏城乡建设将由高速度发展向高质量发展转变，新型城镇化将由从追求"速度和规模"迈向更加注重"质量和品质"的新阶段。

　　自 2015 年以来，江苏通过建立工作机制、完善保障措施、健全技术体系、强化重点示范等举措，积极推动全省装配式建筑的高质量发展。截至 2019 年年底，江苏累计新开工装配式建筑面积约 7 800 万 m²，占当年新建建筑比例从 2015 年的 3% 上升至 2019 年的 23%；同时，先后创建了国家级装配式建筑示范城市 3 个、装配式建筑产业基地 20 个；创建了省级建筑产业现代化示范城市 13 个、示范园区 7 个、示范基地 193 个、示范工程项目 95 个，建筑产业现代化发展取得了阶段性成效。

　　目前，江苏建筑产业现代化即将迈入普及应用期，而在推进装配式建筑发展的过程中，仍存在专业化人才队伍数量不足、技能不高、层次不全等问题，亟须一套专著来系统提升人员素质和塑造职业能力。为顺应这一迫切需求，在江苏省住房和城乡建设厅的指导下，江苏省住房和城乡建设厅科技发展中心联合东南大学、南京工业大学、南京长江都市建筑设计股份有限公司等单位的一线专家学者和技术骨干，系统编著了"装配式建筑丛书"。丛书由《装配式建筑设计实务与示例》《装配整体式混凝土结构设计指南》《装配式混凝土建筑构件预制与安装技术》《装配式钢结构设计指南》《现代木结构设计指南》《装配式建筑总承包管理》《BIM 技术在装配式建筑全生命周期的应用》七个分册组成，针对混凝土结构、钢结构和木结构三种结构类型，涉及建筑设计、结构设计、构件生产安装、施工总承包及全生命周期 BIM 应用等多个方面，系统、全面地对装配式建筑相关技术进行了理论总结和项目实践。

　　限于时间和水平，丛书虽几经修改，疏漏和错误仍在所难免，欢迎广大读者提出宝贵意见。

编委会

2020 年 12 月

前　　言

　　装配式建筑作为工业化建造方式的重要载体,其建造过程需要设计、生产、施工等多专业的协同合作。国内外装配式建筑的发展经验表明,装配式建筑需要打破传统的先设计后施工的建造模式,转变到由建筑师牵头进行建筑系统集成、建筑产品化的思路上来,熟悉各种部品部件性能并将其整合集成的建筑师将成为决定装配式建筑成败的关键。

　　本书主要分为7个章节。第1章主要介绍了国内外装配式建筑的发展历史、相关政策情况以及装配式建筑的未来发展趋势;第2章主要介绍装配式建筑的四大系统构成(主体结构系统、外围护系统、设备与管线系统、装配化装修系统)以及集成化的设计方法;第3章主要介绍了装配式建筑前期技术策划的相关内容;第4章主要介绍了装配式建筑的平面设计方法;第5章主要介绍了装配式建筑的立面设计方法及常用外围护构件的设计;第6章介绍了装配化装修的设计原则、设计标准、设计流程及相关部品部件;第7章介绍了三个典型的装配式建筑案例供设计人员参考。

　　本书主要由南京长江都市建筑设计股份有限公司设计及科研团队和江苏省住房和城乡建设厅科技处相关人员编制而成,主要编制人员有汪杰、田炜、俞锋、王畅、张奕、赵学斐、陈乐琦、江祯蓉、黄心怡、徐伟。同时特别感谢宝业集团上海公司,南京工业大学现代木结构工程技术研究中心提供的相关资料。书中汇集了大量装配式建筑的经典案例,图文并茂,文字表述通俗易懂,阅读性强,可作为广大装配式建筑设计人员的参考用书。

笔　者

2021 年 3 月

目　　录

1 绪论

　　装配式建筑发展历史悠久,但直到第二次工业革命的兴起,导致大量人口涌入城市以及战争和灾难引发的需求,装配式建筑才得到大规模的研究、尝试、应用和发展,目前欧、美、日本等发达国家和地区均已形成较为成熟的装配式建筑技术体系和标准体系。我国也早在 20 世纪 50 年代就开始发展装配式建筑,但发展历程较为曲折。21 世纪以来,国家积极推行低碳经济,随着可持续发展理念的深化和建筑行业节能减排的需要,装配式建筑在我国也逐渐成为研究和实践的热点。本章主要介绍装配式建筑的概念、国内外装配式建筑的发展现状以及装配式建筑未来的发展趋势。

1.1　装配式建筑

1.1.1　装配式建造理念的演变

　　装配式建造理念的形成由来已久。中国古代已经有了装配概念,如榫卯结构是中国古建筑、家具的主要结构方式,是在两个构件上采用凹凸部位相结合的一种连接方式,突出的部分叫榫,凹陷的部分叫卯,我国古代预制木构架体系的模数化、标准化、定型化已经达到很高的水平(图 1.1、1.2)。同样,公元前 8～6 世纪的古希腊建筑物基本上也都是用木材、泥砖或者黏土建造。大约在公元前 600 年,木柱经历了称为"石化"的材料变革,结构中的柱子基本都采用了石材,并预先制造(图 1.3)。1850 年前后,第一次工业革命基本完成,英国成为世界上第一个工业国家。英女王邀请世界各国参加第一届世界博览会,约瑟夫·帕科斯顿(Joseph Paxton)仰仗现代工业技术提供的经济性、精确性和快速性,第一次完全采用单元部件的生产方式,设计和建造了伦敦世界博览会会场水晶宫(图 1.4)。

　　现代意义上的"装配式建筑"起源于工业革命,并持续发展至今。美国建筑产业协会(CII,1986)在一份基础报告中定义预先制造如下:"预先制造(Prefabrication)是一种制造方法,一般是在专门设备上,把各种材料结合到一起形成一个最终安装部件。"英国建筑产业研究和信息协会(CIRIA,1997)定义预先组装如下:"预先组装(Preassembly)是在最终就位之前,为一件产品组织和完成大部分的最终装配工作。它包括许多形式的分部装配。它可以是在现场,或远离现场进行,并且常常涉及标准化。"

图 1.1 紫禁城角楼

图 1.2 十三陵长陵祾恩殿

图 1.3 古希腊梁柱结构体系建筑

图 1.4 伦敦水晶宫

1.1.2 装配式建筑的定义

按照常规理解,装配式建筑是指由预制部件通过可靠连接方式建造的建筑,其主要体现在两个方面:一个是构成建筑的主要构件特别是结构构件是预制的;另一个是预制构件的连接方式必须可靠。我国《装配式建筑评价标准》(GB/T 51129—2017)将装配式建筑(Prefabricated Building)定义为:由预制部品部件在工地装配而成的建筑。《装配式混凝土建筑技术标准》(GB/T 51231—2016)对装配式建筑的定义为:结构系统、外围护系统、设备与管线系统、内装系统的主要部分采用预制部品部件集成的建筑。这个定义强调装配式建筑四个系统的主要部分采用预制部品、部件集成。我国各省市地区根据各自发展情况也给出了装配式建筑的定义及评价方法。

此外,"建筑工业化"与"建筑产业化"也是目前常见的概念,两者往往容易混淆。"建筑工业化"指通过现代化的制造、运输、安装和科学管理的生产方式,来代替传统建筑业中分散的、低水平的、低效率的手工业生产方式。它的主要标志是建筑设计标准化、构配件生产工厂化、施工机械化和组织管理科学化。"建筑产业化"是指整个建筑产业链的产业化,把建筑工业化向前端的产品开发和下游的建筑材料、建筑能源甚至建筑产品的销售延伸,是整个建筑行业在产业链条内资源的更优化配置。如果说"建筑工业化"更强调技术的主导作用,"建筑产业化"则增加了技术与经济和市场的结合。

为推动城乡建设绿色发展和高质量发展、以新型建筑工业化带动建筑业全面转型升级、打造具有国际竞争力的"中国建造"品牌,住房和城乡建设部等9部门联合印发了《住房和城乡建设部等部门关于加快新型建筑工业化发展的若干意见》(简称《若干意见》)。推进新型建筑工业化与国家推进建筑产业现代化和装配式建筑是一脉相承的。新型建筑工业化是以工业化发展成就为基础,融合现代信息技术,通过精益化、智能化生产施工,全面提升工程质量性能和品质,达到高效益、高质量、低消耗、低排放的发展目标。我国推动建筑工业化发展已有很多年历史,之前不同时期采用过多种不同的名目,一定程度上不利于建筑工业化的长期健康可持续发展,为此《若干意见》专门对其进行了统一,即"新型建筑工业化"。加了"新型"两个字后,不仅把之前各种名称给统一了,更重要的是还明确了装配式建筑等是新型建筑工业化的重要组成部分,这样就把之前提出的建筑工业化和装配式建筑等给联系起来了,相应的标准、措施、评价等也因此都得到了统一。

1.1.3　装配式建筑的特点

装配式建筑的诞生和发展是建筑产业走向工业化、现代化的必然结果,是建造方式从传统的依赖廉价劳动力成本转向机械化、工厂化生产方式的客观需求,特别适合于民用建筑需求旺盛、劳动力资源短缺或成本较高、机械化程度发达、社会财富积累丰富、建筑品质和社会效益备受重视的社会发展阶段,是社会经济发展带来的建筑建造方式的重大变革。从全球视角看建筑业近百年来的发展,以住宅产业化为主要特征的建筑工业化先在以西方为主的工业发达国家崛起,在快速满足人们住房需求的同时,建筑工业化推动了建筑业生产方式变革,大幅提高了建筑业生产效率,并逐步普及。装配式建筑根据建筑行业的发展要求,制定了预制构件的统一标准,建立了不断完善的施工工艺,对资源配置进行了合理的优化,建立了能够适应我国社会主义市场经济的工业化体系,其主要的特点是标准化设计、工厂化生产、装配化施工、成品化装修、信息化管理,即"五化一体"。

(1)标准化设计

装配式建筑发展的首要前提就是标准化,而标准化设计的核心则是模块化。另外,与多样性结合的标准化,还会促进预制构件实现系列化和通用化。

(2)工厂化生产

预制构件生产的工厂化不仅指工厂中预制生产建筑构件,同时也指建筑主体结构的工厂化生产,是装配式建筑实施过程中的一个重要环节。在这种生产方式下,建筑主体结构的施工精度得到保障,建筑质量稳定,也降低了现场施工工人的工作量。

(3)装配化施工

装配式建筑的施工现场只需要数量较少的专业施工人员即可,这也是装配式建筑与传统建筑施工过程的一大区别。简单的安装工序,湿作业操作的减少,提高了施工技术的专业化水平,建造方式更加精确。

（4）成品化装修

成品化装修指的是从设计之初就采用工厂化方式生产，实施装配化施工，减少二次装修带来的浪费和污染。而全装修则是在一体化装修的基础上，新建建筑在竣工验收前，建筑内所有功能空间完成固定面饰面，基本设备安装到位。

（5）信息化管理

通过计算机技术以及信息化技术，可以实现预制构件从设计、生产、施工吊装到后期维修管理全过程的科学化。近几年，BIM 技术开始得到关注，信息化技术也开始被运用到建筑设计和实际工程中，这又为提高工程的建设效率、节约建设成本提供了技术保障。

1.2　国内外装配式建筑发展历程

装配式建筑在 20 世纪初就开始引起人们的兴趣，英、法、苏联等国首先作了尝试，到 60 年代迎来了大规模的发展。装配式建筑建造速度快，生产成本低，因此迅速在世界各地都得到了推广。装配式建筑真正得以大规模运用和发展是第二次世界大战以后，各国为了缓解住宅不足而进行大量的公共性质的住宅建设，而战后劳动力普遍缺乏，工业化的生产方式符合了当时的需求。

1.2.1　国外装配式建筑发展历程

1. 国外装配式建筑发展阶段

全球建筑工业化进程与工业革命进程息息相关，总的发展趋势基本贴近人类文明的发展进程。根据全球建筑工业化发展的内因和表现，其大致可分为以下 4 个发展阶段。

（1）装配式建筑 1.0 时代：工厂化、机械化（20 世纪初～20 世纪中期）

随着第二次工业革命的兴起和第一次世界大战的结束，欧洲各国经济复苏，技术的进步带来现代建筑材料和技术发展，城市发展促使大量人口向城市集中，需要在短时间内建造大量住宅、办公楼、工厂等，为建筑工业化奠定了基础。

欧洲大陆建筑普遍受到战争的影响，遭受重创，无法提供正常的居住条件，且劳动力资源短缺，此时急需一种建设速度快且劳动力占用较少的新型建造方式以满足短时间内各国对住宅的需求。于是装配式混凝土建筑应运而生，并快速进入了欧洲各国的住宅领域。

著名德国现代主义建筑大师瓦尔特·格罗皮乌斯（Walter Gropius，1883—1969）是建筑师中最早主张走建筑工业化道路的人之一（图 1.5）。早在 1910 年，格罗皮乌斯出版的《住宅工业化》一书对住宅单元的标准化预制、装配和应用等进行了详尽阐述，主张采用批量化的工厂预制构件，经济、高效地生产住宅，被视为装配式建筑和住宅产业化理念的开拓性著作。图 1.6 为瓦尔特在"成长的住宅"展会上展示的福斯特-克拉夫特系统住宅组装工艺。

图 1.5 瓦尔特·格罗皮乌斯

图 1.6 福斯特-克拉夫特系统住宅组装工艺(1931)

主打"多快好省"的"赫鲁晓夫楼"曾是人类历史上最大的城市发展项目。面对二战后城市规模爆炸式扩张、人口迅速增长、住房严重短缺的现象,1954 年,苏联政府在五年计划中提出,在最短的时间内以最低的成本改善城市居民的居住条件。苏联领导人赫鲁晓夫命令建筑师开发一种可迅速复制的建筑模板,使其成为"全世界的典范"。这种楼广泛采用组合式钢筋混凝土部件,预制件为在工厂流水线上生产好的标准件,成本低廉,所有楼房统一五层(设计师认为电梯成本太高,而且影响建造速度,所以把高度定为五层,极少会有三层或四层)。莫斯科别利亚耶沃地区至今保留了大量"赫鲁晓夫楼"(图 1.7)。

图 1.7 赫鲁晓夫楼

(2) 装配式建筑 2.0 时代:标准化、模块化(20 世纪中期～20 世纪末)

20 世纪 50 年代后期,随着西方各国及日本战后经济的迅速崛起,第三次工业革命(科技革命)开始兴起,为装配式建筑的发展提供了良好的经济和技术条件,装配式建筑的标准化和模块化理念开始形成,装配式建筑的发展也获得了良好的市场化基础,其技术体系逐步完善,建造手段不断创新,迎来了高速发展期。

虽然装配式建筑体系趋于完善,但大部分设计和建造都相对比较粗糙,而著名建筑马赛公寓,蒙特利尔 67 号住宅成为这一时期技术与艺术结合的典范(图 1.8)。蒙特利尔赢得了 1967 年世界博览会的主办权后,为呼应该届世博会"人与世界"的主题,当局决定建造一个新型住宅小区,展示现代城市房屋经济、生态、环保的发展趋势。萨夫迪的理论最终入选。根据当届世博会举办年份,将小区命名为"Habitat 67"。

(a) 现场施工图片　　　　　　　　　　　　　　(b) 建成图片

图 1.8　蒙特利尔 67 号住宅

在这一时期,日本的装配式建筑得到高速发展。1950 年以后,日本的经济在经历了二战后的复兴期之后,便进入了高速增长期,大量人口涌入城市,住宅的短缺日益成为大城市严重的社会问题。

日本从 1955 年开始制订、实施"住宅建设十年计划";1966 年日本正式制定颁布《住宅建设计划法》,并决定实施每五年的住宅建设计划。计划中制订了住宅的发展目标、人均住宅居住标准、公营住宅、公团住宅建设数量、新技术应用等内容。

1969 年,日本广泛开展了对材料、设备、制品标准,住宅性能标准,结构材料安全标准等方面的调查研究,加强住宅产品的标准化工作,对房间、建筑部件、设备等的尺寸提出了建议。从 70 年代开始,住宅的部件尺寸和功能标准都有了固定的体系。只要是厂家按照标准生产出来的构配件,在装配建筑物时都是通用的。日本创立了优良住宅部品认定制度,通过这一制度对住宅部品的质量、安全性、耐久性等诸多内容进行综合审查。图 1.9 为东京塔;图 1.10 为东京中银舱体大楼,均为这一时期建成的装配式建筑。

图 1.9　东京塔(1958 年建成)　　　**图 1.10　东京中银舱体大楼(1972 年建成)**

在这一时期,大板建筑在东德(民主德国)得到广泛运用。大板建筑在今天虽然饱受诟病,但在 20 世纪中后期它却很适合东德的社会意识形态,人人平等,整齐划一。装配式住宅内拥有现代化的采暖和热水系统,政府对其也有相应的补贴,所以当时的东德人民非常喜欢装配式住宅。1972—1990 年,东德地区开展大规模住宅建设,并将完成 300 万套住宅确定为重要政治目标,预制混凝土大板技术体系成为最重要的建造方式。这期间用混凝土大板建造了大量大规模住宅区,如 10 万人口规模的哈勒新城(Halle-Neustadt)。这 300 万套住宅中,180 万～190 万套用混凝土大板建造,占比达到 60% 以上,如果每套建筑按平均 60 m^2 计算,预制大板住宅面积在 1.1 亿 m^2 以上。东柏林地区 1963—1990 年间共新建住宅 27.3 万套,其中大板式住宅占比达到 93%。图 1.11 为大板住宅构造,图 1.12 为哈勒新城大板住宅。

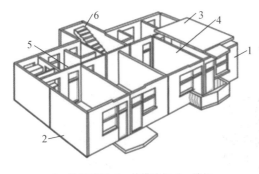

1—外纵墙板;2—外横墙板;3—楼板
4—内横墙板;5—内纵墙板;6—楼梯

图 1.11 大板住宅构造 图 1.12 哈勒新城大板住宅

法国巴黎东郊大诺瓦西区为大批移民建设了大型后现代乌托邦社区,同样采用了大板技术。这座以"天空之城"(图 1.13)为名的后现代主义社区的标志性建筑是一座包含 610 间公寓的钢筋混凝土巨人,这座建筑的外立面采用大尺寸的预制构件,个性鲜明。

图 1.13 巴黎郊区的"天空之城"

（3）装配式建筑 3.0 时代：信息化、产业化（20 世纪末～21 世纪初）

2000 年以后，随着信息化时代的到来，AutoCAD 软件、网络技术和通信技术等在装配式建筑领域得到广泛应用，建筑工业化更加高效、集成、节能，更加个性化、风格化，有效促进了装配式建筑技术体系的完善和管理水平的提升，"通用体系""开放式建筑"和"百年住宅"概念开始形成。装配式建筑的发展具备了产业化条件，装配式建筑产业链在发达国家开始建立和完善起来。

美国纽约迷你公寓项目（图 1.14）意在为人口逐年激增的纽约市的年轻人提供他们买得起的迷你公寓。项目包括了 55 个预制单元，每个单元的面积为 370 ft²（约 34 m²），层高为 10 ft（约 3 m）。这个项目的住宅单元包括设备装修全部在工厂完成，建造则在现场拼装，极大地降低了建造成本，提高了建设速度以及居住质量。

图 1.14　纽约迷你公寓项目

（4）装配式建筑 4.0 时代：节能化、智能化（2010 年至今）

随着德国主导的工业 4.0 时代——第四次工业革命的到来，发达国家的人们对生活质量和环境也提出了更高要求，装配式建筑的内涵得到了升华，开始向着人本设计、环保建造和智能居住的方向发展。随着装配式建筑的科技、人本和文化内涵不断增强。

伴随着 BIM 技术的成熟，3D 打印等高科技技术手段进入建筑领域，建筑工业化 4.0 时代将重新界定以设计为主导的地位，建筑设计不再被模数所限制（图 1.15）。

图 1.15　BIM 信息化技术

2013 年 1 月,荷兰建筑设计师 Janjaap Ruijssenaars 和艺术家 Rinus Roelofs 设计出了全球第一座 3D 打印建筑物,设计灵感来源于莫比乌斯环,因其类似莫比乌斯环的外形以及其像风景一样能够愉悦人的特征,故得名为 Landscape House(图 1.16)。该建筑使用意大利的"D-Shape"打印机制出 6 m×9 m 的块状物,最后拼接完成。

2016 年 3 月,我国完工两幢面积分别为 80 m² 和 130 m² 的 3D 打印中式庭院(图 1.17),整体建筑设计超越了原有苏州园林的古建筑体结构和布局,将现代审美元素和高科技技术结合在一起。

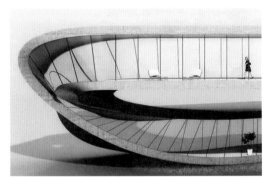

图 1.16　荷兰 3D 打印 Landscape House　　　图 1.17　中国 3D 打印中式庭院

2016 年 5 月 24 日,全球首座 3D 打印的办公室(图 1.18)在阿联酋迪拜国际金融中心落成。该单层建筑占地面积为 250 m²,打印材料为一种特殊的水泥混合物,施工时长仅为 17 天。

图 1.18　迪拜 3D 打印的办公室

2. 国外装配式建筑发展特点

受世界各国经济水平、科技水平、自然条件、地理分布和文化差异等因素的影响,装配式建筑在各国的发展也存在一定的差异性。不同地区的装配式建筑发展特点如表 1.1 所示。

表 1.1 不同地区装配式建筑发展特点

美国	小城镇以轻钢结构、木结构住宅体系为主;大城市以 PC 结构和钢结构住宅为主;推行干式连接;模块化技术强,实行 BL 质量认证制度,产业化水平高
英国	钢结构建筑为主,木结构体系和 PC 结构体系为辅,倡导模块化钢结构建造体系
法国	以框架结构或板柱结构为主,钢结构和木结构为辅;湿体系的代表,推行"构造体系"
德国	厂房主要为钢结构,叠合剪力墙体系为 PC 结构主流;钢结构建筑的最早发起者,预应力混凝土和钢筋桁架的发明国,节能性最强,产业化水平高
瑞典	木结构为主,辅以装配式大板结构体系,住宅工业化最发达国家
丹麦	装配式大板结构、箱式模块结构为主,实行强制模数化,倡导通用体系
日本	PC 结构为主,住宅多采用框架体系和 KSH 体系,成熟的 PCA 工法体系,工厂化水平高,"百年住宅"理念的发起者

(1)欧洲装配式建筑特征

欧洲装配式建筑风格主要受现代化和后工业化时代的影响,逐渐向开放、现代、舒适和新古典方向发展;因欧洲多数国家处于非地震区,且人口密度低,其建筑多为低层和多层,其结构设计对抗震要求较低,可以实现高装配率;部分国家的钢铁资源和木材资源丰富,其钢结构建筑和木结构建筑占据了装配式建筑的主体。

法国的装配式建筑以混凝土结构体系为主,钢、木结构体系为辅,多采用框架或板柱体系,并逐步向大跨度发展,连接方式多采用焊接和螺栓连接。近年来呈现的特点是:① 焊接连接等干法作业流行;② 结构构件与设备、装修工程分开,减少预埋,使生产和施工质量提高;③ 主要采用预应力装配式混凝土框架结构体系,装配率达到 80%,脚手架用量减少 50%,节能可达到 70%。图 1.19 为法国马赛公寓。

(a) 建筑外立面　　　　　　　　　　　　　　　(b) 室内空间

图 1.19 法国马赛公寓(1947—1952)

德国的公共建筑、商业建筑、集合住宅项目大都因地制宜,根据项目特点选择现浇与预制构件混合建造体系或钢混结构体系,并不追求高比例装配率,而是通过策划、设计、施工各个环节的精细化优化过程,寻求项目的个性化、经济性、功能性和生态环保性能的综合平衡。随着工业化进程的不断发展,BIM 技术的应用,建筑业工业化水平不断提升,建筑上采用工厂预制、现场安装的建筑部品愈来愈多,占比也愈来愈大。图 1.20 为德国 Tour Total 大厦。

(a) 建筑外立面　　　　　　　　(b) 外墙预制构件

图 1.20　德国 Tour Total 大厦

英国政府积极引导装配式建筑发展,明确提出英国建筑生产领域需要通过新产品开发、集约化组织、工业化生产以实现"成本降低 10%,时间缩短 10%,缺陷率降低 20%,事故发生率降低 20%,劳动生产率提高 10%,最终实现产值利润率提高 10%"的具体目标。同时,政府出台一系列鼓励政策和措施,大力推行绿色节能建筑,通过对建筑品质、性能的严格要求促进行业向新型建造模式转变。

瑞典开发了大型混凝土预制板的工业化体系,大力发展以通用部件为基础的通用体系。瑞典建筑工业化特点包括:在完善的标准体系基础上发展通用部件;模数协调形成"瑞典工业标准"(SIS),实现了部品尺寸、对接尺寸的标准化与系列化。图 1.21 为瑞典某装配式建筑项目。

图 1.21　瑞典某装配式建筑项目

(2) 美国装配建筑特征

美国建筑风格主要源于欧洲,尤其受英国、法国、德国和西班牙等国的影响,目前其装配式建筑风格呈现自由、多元、简约和现代等特点。美国西部受环太平洋地震带影响,为地震多发区,结构设计需重点考虑地震影响,对装配式建筑的外形、材质和结构体系有一定要求。1976年,美国国会通过了国家工业化住宅建造及安全方案,同年出台了一系列严格的行业规范标准,一直沿用至今。

美国的住房主要有三种结构:① 木结构。美国西部地区的房子以木结构为主,以冷杉木为龙骨架,墙体配纸面石膏隔音板。② 混合结构。墙体多用混凝土砌块承重,屋顶、楼板采用轻型结构。③ 轻钢结构。以部分型钢和镀锌轻钢作为房屋的支承和围护,是在木结构基础上的新发展,具有坚实、防腐、优良的抗震性以及更好的抗风、防火性,目前在美国民居建筑中的比重愈来愈大。图1.22为美国某装配式建筑项目。

图 1.22　美国某装配式建筑项目

(3) 日本装配式建筑特征

日本建筑风格受中国唐朝和近代西方的影响非常大。随着日本战后经济发展,其装配式建筑风格开始融入西方元素,主要表现为清新、淡雅、禅意而不失现代性特点。日本全境均处在环太平洋地震带上,为地震高发区,结构设计需重点考虑抗震影响。日本人口密度较高、自然资源相对匮乏,故城市区域的PC建筑以高层居多。

日本是在1968年提出装配式住宅概念的,其从一开始就追求中高层住宅的配件化生产体系,这种生产体系能满足日本比较密集的人口对住宅市场的需求。同时日本通过立法来保证混凝土构件的质量,在装配式住宅方面制定了一系列的方针政策和标准,也形成了统一的模数标准,解决了标准化、大批量生产和多样化需求这三者之间的矛盾。

20世纪六七十年代出台的《建筑基准法》成为日本大规模推行产业化的节点;70年代设立了"工业化住宅质量管理优良工厂认定制度",这一时期采用产业化方式生产的住宅占竣工住宅总数的10%左右;80年代中期设立了"工业化住宅性能认定制度",采用产业化方式生产的住宅占竣工住宅总数的15%～20%,住宅质量和性能明显提高;到90年代,采用产业化方式生产的住宅已占竣工住宅总数的25%～28%。图1.23为日本装配建筑。

（a）梁柱节点

（b）外围护构件

图 1.23 日本装配建筑

1.2.2 国内装配式建筑发展历程

在我国，装配建筑受到政策、经济和技术发展的影响，发展历程跌宕起伏，一波三折，但大体上仍然遵循着世界装配式建筑的发展规律。可以说，目前我国装配式建筑的发展已经度过了追求数量的低技术水平阶段，正吸取世界各地先进技术的优势，结合中国国情，逐步形成中国特色的装配式建筑高质量发展之路。总体来讲我国装配式建筑可分为：起步阶段、持续发展阶段、低潮阶段和新发展阶段，如图 1.24 所示。

图 1.24 我国装配建筑发展阶段

1. 起步阶段（20 世纪 50 年代）

我国的建筑工业化发展始于 20 世纪 50 年代，在"一五"计划中提出借鉴苏联及东欧各国经验，在国内推行装配式建筑。图 1.25 为北京民族饭店。

图 1.25　北京民族饭店(预制装配式框架—剪力墙结构,1959 年)

2. 持续发展阶段(20 世纪 60 年代~80 年代初)

20 世纪 60 年代~80 年代,多种混凝土装配式建筑体系得到快速发展,预应力混凝土圆孔板、预应力空心板等快速发展;装配式建筑大量推广。北京从东欧引入了装配式大板住宅体系,建设面积达 70 万 m²。至 80 年代末全国已经形成预制构件厂数万家,年产量达 2 500 万 m²。图 1.26 为北京前三门住宅区。

图 1.26　北京前三门住宅区(1976 年)

3. 低潮阶段(20 世纪 80 年代末~21 世纪初)

采用预制板的砖混结构房屋、预制装配式单层工业厂房等在唐山大地震中破坏严重,引发了人们对装配式体系抗震性能的担忧,装配式建筑大量减少。与此同时,随着我国建筑设计逐步多样化、个性化,各类模板、脚手架以及商混普及,混凝土现浇结构得到了广泛的推广应用。图 1.27 为唐山预制板砖混结构房屋,图 1.28 为唐山大地震中倒塌的房屋。

图 1.27　唐山预制板砖混结构房屋　　　　图 1.28　唐山大地震中倒塌的房屋

4. 新发展阶段(2008 年至今)

随着我国建筑科学的持续进步,抗震技术有了长足发展,为装配式建筑的发展打下了基础;与此同时,我国人口红利逐步消失,建筑业农民工数量减少,使得我国劳动力成本大幅提升,通过建筑工业化降低生产成本逐步得到建筑企业重视。

2012 年党的十八大以后,中国特色社会主义进入了新时代,综合国力显著提高,从注重发展速度转向着力提升发展质量,加强生态文明建设,坚持绿色发展理念。建筑业迎来转型升级,实现跨越式发展的新局面。

2013 年,国家发改委、住建部制订的《绿色建筑行动方案》提出"加快建立促进建筑工业化的设计、施工、部品生产等环节的标准体系","推广适合工业化生产的预制装配式混凝土、钢结构等建筑体系,加快发展建设工程的预制和装配技术,提高建筑工业化技术集成水平"。新时代装配式建筑政策支持体系开始建立。

2016 年 2 月,《中共中央 国务院关于进一步加强城市规划建设管理工作的若干意见》提出十年期发展目标:大力推广装配式建筑,"力争用 10 年左右的时间,使装配式建筑占新建建筑的比例达到 30%。"

2016 年 9 月 27 日,国务院办公厅印发的《关于大力发展装配式建筑的指导意见》(国办发〔2016〕71 号)文件,是推进装配式建筑的纲领性文件。文件明确了发展装配式建筑是建造方式的重大变革,是推进供给侧结构性改革和新型城镇化发展的重要举措,并提出了健全标准规范体系、创新装配式建筑设计、优化部品部件生产、提升装配施工水平、推进建筑全装修、推广绿色建材、推进工程总承包、确保工程质量安全等八项重点任务,以京津冀、长三角、珠三角三大城市群为重点推进地区,常住人口超过 300 万的其他城市为积极推进地区,其余城市为鼓励推进地区,因地制宜发展装配式混凝土结构、钢结构和现代木结构等装配式建筑。装配式建筑在国家意志的引领下,走上发展的快车道。

2017 年 3 月,住建部发布《"十三五"装配式建筑行动方案》,进一步细化了工作目标、重点任务、保障措施:"到 2020 年,全国装配式建筑占新建建筑的比例达到 15% 以上,其中重点推进地区达到 20% 以上,积极推进地区达到 15% 以上,鼓励推进地区达到 10% 以上。"

《中国建设报》统计数据显示,2019 年全国新开工装配式建筑 4.2 亿 m²,较 2018 年增长 45%,占新建建筑面积的比例约 13.4%。其中,上海市新开工装配式建筑面积 3 444 万 m²,占新建建筑的比例达 86.4%;北京市 1 413 万 m²,占比为 26.9%;湖南省 1 856 万 m²,占比为 26%;浙江省 7 895 万 m²,占比为 25.1%。江苏、天津、江西等地装配式建筑在新建建筑中占比均超过 20%。总的来看,近年来装配式建筑呈现良好发展态势,在促进建筑产业转型升级,推动城乡建设领域绿色发展和高质量发展方面发挥了重要作用。

目前除港澳台之外,全国 31 个省市自治区均已出台相应的装配式建筑相关实施意见,制订了明确的发展规划和目标。各省市以落实装配式建筑占新建建筑面积比例、建立国家级装配式建筑示范城市、布局装配式建筑产业化基地、推动龙头企业和产业联盟形成装配式产业聚集等方式,为装配式建筑政策落地和阶段性目标的顺利实现打下了坚实的基础。以江苏为例,2014 年 10 月,江苏省人民政府颁布实施《关于加快推进建筑产业现代化促进建筑产业转型升级的意见》(苏政发〔2014〕111 号),明确提出"以发展绿色建筑为方向,以住宅产业现代化为重点,以科技进步和技术创新为动力,以新型建筑工业化生产方式为手段,着力调整建筑产业结构,综合运用各项政策措施,加快推进建筑产业现代化,推动建筑产业转型升级"的发展定位,确立了分三步走、三个阶段(2015—2017 年的试点示范期、2018—2020 年的推广发展期、2021—2025 年的普及应用期)的具体发展目标,到 2025 年,全省建筑产业现代化施工的建筑面积占同期新开工建筑面积的比例达到50%以上,新建成品住房比例达到 50%以上。

1.3 我国装配式建筑未来发展方向

在环保、人口、技术等多方面因素的影响下,建筑业变革大潮已经来临,装配式建筑发展、建筑工业化变革势不可挡。未来建筑业的建造体系与产业必将超越现有模式与工业形式的范畴,实现装配式、工业化,并逐步进入数字建造、智慧建造。住建部、工信部等 9部门联合发布的《关于加快新型建筑工业化发展的若干意见》指出:为全面贯彻新发展理念,推动城乡建设绿色发展和高质量发展,以新型建筑工业化带动建筑业全面转型升级,打造具有国际竞争力的"中国建造"品牌。主要体现在以下方面。

1. 加强系统化集成设计

推动全产业链协同。推行新型建筑工业化项目建筑师负责制,鼓励设计单位提供全过程咨询服务。优化项目前期技术策划方案,统筹规划设计、构件和部品部件生产运输、施工安装和运营维护管理。引导建设单位和工程总承包单位以建筑最终产品和综合效益为目标,推进产业链上下游资源共享、系统集成和联动发展。

促进多专业协同。通过数字化设计手段推进建筑、结构、设备管线、装修等多专业一体化集成设计,提高建筑整体性,避免二次拆分设计,确保设计深度符合生产和施工要求,发挥新型建筑工业化系统集成综合优势。

推进标准化设计。完善设计选型标准,实施建筑平面、立面、构件和部品部件、接口标准化设计,推广少规格、多组合设计方法,以学校、医院、办公楼、酒店、住宅等为重点,强化设计引领,推广装配式建筑体系。

强化设计方案技术论证。落实新型建筑工业化项目标准化设计、工业化建造与建筑风貌有机统一的建筑设计要求,塑造城市特色风貌。在建筑设计方案审查阶段,加强对新型建筑工业化项目设计要求落实情况的论证,避免建筑风貌千篇一律。

2. 优化构件和部品部件生产

推动构件和部件标准化。编制主要构件尺寸指南,推进型钢和混凝土构件以及预制混凝土墙板、叠合楼板、楼梯等通用部件的工厂化生产,满足标准化设计选型要求,扩大标准化构件和部品部件使用规模,逐步降低构件和部件生产成本。

完善集成化建筑部品。编制集成化、模块化建筑部品相关标准图集,提高整体卫浴、集成厨房、整体门窗等建筑部品的产业配套能力,逐步形成标准化、系列化的建筑部品供应体系。

促进产能供需平衡。综合考虑构件、部品部件运输和服务半径,引导产能合理布局,加强市场信息监测,定期发布构件和部品部件产能供需情况,提高产能利用率。

推进构件和部品部件认证工作。编制新型建筑工业化构件和部品部件相关技术要求,推行质量认证制度,健全配套保险制度,提高产品配套能力和质量水平。

推广应用绿色建材。发展安全健康、环境友好、性能优良的新型建材,推进绿色建材认证和推广应用,推动装配式建筑等新型建筑工业化项目率先采用绿色建材,逐步提高城镇新建建筑中绿色建材应用比例。

3. 推广精益化施工

大力发展钢结构建筑。鼓励医院、学校等公共建筑优先采用钢结构,积极推进钢结构住宅和农房建设。完善钢结构建筑防火、防腐等性能与技术措施,加大热轧 H 型钢、耐候钢和耐火钢应用,推动钢结构建筑关键技术和相关产业全面发展。

推广装配式混凝土建筑。完善适用于不同建筑类型的装配式混凝土建筑结构体系,加大高性能混凝土、高强钢筋和消能减震、预应力技术的集成应用。在保障性住房和商品住宅中积极应用装配式混凝土结构,鼓励有条件的地区全面推广应用预制内隔墙、预制楼梯板和预制楼板。

推进建筑全装修。装配式建筑、星级绿色建筑工程项目应推广全装修,积极发展成品住宅,倡导菜单式全装修,满足消费者个性化需求。推进装配化装修方式在商品住房项目中的应用,推广管线分离、一体化装修技术,推广集成化模块化建筑部品,提高装修品质,降低运行维护成本。

优化施工工艺工法。推行装配化绿色施工方式,引导施工企业研发与精益化施工相适应的部品部件吊装、运输与堆放、部品部件连接等施工工艺工法,推广应用钢筋定位钢板等配套装备和机具,在材料搬运、钢筋加工、高空焊接等环节提升现场施工工业化水平。

创新施工组织方式。完善与新型建筑工业化相适应的精益化施工组织方式,推广设计、采购、生产、施工一体化模式,实行装配式建筑装饰装修与主体结构、机电设备协同施工,发挥结构与装修穿插施工优势,提高施工现场精细化管理水平。

提高施工质量和效益。加强构件和部品部件进场、施工安装、节点连接灌浆、密封防水等关键部位和工序质量安全管控,强化对施工管理人员和一线作业人员的质量安全技术交底,通过全过程组织管理和技术优化集成,全面提升施工质量和效益。

4. 加快信息技术融合发展

大力推广建筑信息模型(BIM)技术。加快推进 BIM 技术在新型建筑工业化全寿命期的一体化集成应用。充分利用社会资源,共同建立、维护基于 BIM 技术的标准化部品部件库,实现设计、采购、生产、建造、交付、运行维护等阶段的信息互联互通和交互共享。试点推进 BIM 报建审批和施工图 BIM 审图模式,推进与城市信息模型(CIM)平台的融通联动,提高信息化监管能力,提高建筑行业全产业链资源配置效率。

加快应用大数据技术。推动大数据技术在工程项目管理、招标投标环节和信用体系建设中的应用,依托全国建筑市场监管公共服务平台,汇聚整合和分析相关企业、项目、从业人员和信用信息等相关大数据,支撑市场监测和数据分析,提高建筑行业公共服务能力和监管效率。

推广应用物联网技术。推动传感器网络、低功耗广域网、5G、边缘计算、射频识别(RFID)及二维码识别等物联网技术在智慧工地的集成应用,发展可穿戴设备,提高建筑工人健康及安全监测能力,推动物联网技术在监控管理、节能减排和智能建筑中的应用。

推进发展智能建造技术。加快新型建筑工业化与高端制造业深度融合,搭建建筑产业互联网平台。推动智能光伏应用示范,促进与建筑相结合的光伏发电系统应用。开展生产装备、施工设备的智能化升级行动,鼓励应用建筑机器人、工业机器人、智能移动终端等智能设备。推广智能家居、智能办公、楼宇自动化系统,提升建筑的便捷性和舒适度。

5. 创新组织管理模式

大力推行工程总承包。新型建筑工业化项目积极推行工程总承包模式,促进设计、生产、施工深度融合。引导骨干企业提高项目管理、技术创新和资源配置能力,培育具有综合管理能力的工程总承包企业,落实工程总承包单位的主体责任,保障工程总承包单位的合法权益。

发展全过程工程咨询。大力发展以市场需求为导向、满足委托方多样化需求的全过程工程咨询服务,培育具备勘察、设计、监理、招标代理、造价等业务能力的全过程工程咨询企业。

完善预制构件监管。加强预制构件质量管理,积极采用驻厂监造制度,实行全过程质量责任追溯,鼓励采用构件生产企业备案管理、构件质量飞行检查等手段,建立长效机制。

探索工程保险制度。建立完善工程质量保险和担保制度,通过保险的风险事故预防和费率调节机制帮助企业加强风险管控,保障建筑工程质量。

建立使用者监督机制。编制绿色住宅购房人验房指南,鼓励将住宅绿色性能和全装修质量相关指标纳入商品房买卖合同、住宅质量保证书和住宅使用说明书,明确质量保修责任和纠纷处理方式,保障购房人权益。

6. 强化科技支撑

培育科技创新基地。组建一批新型建筑工业化技术创新中心、重点实验室等创新基地,鼓励骨干企业、高等院校、科研院所等联合建立新型建筑工业化产业技术创新联盟。

加大科技研发力度。大力支持 BIM 底层平台软件的研发,加大钢结构住宅在围护体系、材料性能、连接工艺等方面的联合攻关,加快装配式混凝土结构灌浆质量检测和高效连接技术研发,加强建筑机器人等智能建造技术产品研发。

推动科技成果转化。建立新型建筑工业化重大科技成果库,加大科技成果公开,促进科技成果转化应用,推动建筑领域新技术、新材料、新产品、新工艺创新发展。

7. 加快专业人才培育

培育专业技术管理人才。大力培养新型建筑工业化专业人才,壮大设计、生产、施工、管理等方面人才队伍,加强新型建筑工业化专业技术人员继续教育,鼓励企业建立首席信息官(CIO)制度。

培育技能型产业工人。深化建筑用工制度改革,完善建筑业从业人员技能水平评价体系,促进学历证书与职业技能等级证书融通衔接。打通建筑工人职业化发展道路,弘扬工匠精神,加强职业技能培训,大力培育产业工人队伍。

加大后备人才培养。推动新型建筑工业化相关企业开展校企合作,支持校企共建一批现代产业学院,支持院校对接建筑行业发展新需求、新业态、新技术,开设装配式建筑相关课程,创新人才培养模式,提供专业人才保障。

8. 开展新型建筑工业化项目评价

制定评价标准。建立新型建筑工业化项目评价技术指标体系,重点突出信息化技术应用情况,引领建筑工程项目不断提高劳动生产率和建筑品质。

建立评价结果应用机制。鼓励新型建筑工业化项目单位在项目竣工后,按照评价标准开展自评价或委托第三方评价,积极探索区域性新型建筑工业化系统评价,评价结果可作为奖励政策重要参考。

9. 加大政策扶持力度

强化项目落地。各地住房和城乡建设部门要会同有关部门组织编制新型建筑工业化专项规划和年度发展计划,明确发展目标、重点任务和具体实施范围。要加大推进力度,在项目立项、项目审批、项目管理各环节明确新型建筑工业化的鼓励性措施。政府投资工程要带头按照新型建筑工业化方式建设,鼓励支持社会投资项目采用新型建筑工业化方式。

加大金融扶持。支持新型建筑工业化企业通过发行企业债券、公司债券等方式开展融资。完善绿色金融支持新型建筑工业化的政策环境,积极探索多元化绿色金融支持方式,对达到绿色建筑星级标准的新型建筑工业化项目给予绿色金融支持。用好国家绿色发展基金,在不新增隐性债务的前提下鼓励各地设立专项基金。

加大环保政策支持。支持施工企业做好环境影响评价和监测,在重污染天气期间,装配式等新型建筑工业化项目非土石方作业的施工环节可以不停工。建立建筑垃圾排放限额标准,开展施工现场建筑垃圾排放公示,鼓励各地对施工现场达到建筑垃圾减量化要求的施工企业给予奖励。

加强科技推广支持。推动国家重点研发计划和科研项目支持新型建筑工业化技术研发,鼓励各地优先将新型建筑工业化相关技术纳入住房和城乡建设领域推广应用技术公告和科技成果推广目录。

加大评奖评优政策支持。将城市新型建筑工业化发展水平纳入中国人居环境奖评选、国家生态园林城市评估指标体系。大力支持新型建筑工业化项目参与绿色建筑创新奖评选。

2 装配式建筑系统概述

装配式建筑的关键在于一体化集成,其核心是将建筑物的各子系统及部品部件通过工厂制造、现场装配,最终集成为一个有机整体。装配式建筑要统筹考虑建筑各功能空间尺寸、全生命周期的空间适应性等。本章重点介绍了装配式建筑四大系统,同时围绕装配化特点阐明了装配式建筑设计方法,明确了装配式建筑集成化设计特征和实现途径。

2.1 装配式建筑系统构成

装配式建筑,按照系统工程理论,可将其看作一个由若干子系统集成的复杂系统,主要包括建筑结构系统、建筑外围护系统、建筑内装系统、建筑设备与管线系统(图 2.1)。这四个相对独立的子系统,又共同构成一个更大的系统,它们相互依存,又相互影响。其中:

(1) 建筑结构系统可分为混凝土结构、钢结构、木结构和组合结构等。

(2) 建筑外围护系统由外墙系统、屋面系统、外门窗系统等组成。其中,外墙系统按照材料与构造的不同,可分为幕墙类、外挂墙板类、组合钢(木)骨架类等多种装配式外墙围护系统。

(3) 建筑内装系统包括墙面系统、顶面系统、地面系统、内门窗系统、整体厨房系统、整体卫生间系统等。

(4) 建筑设备与管线系统包括给排水系统、供暖通风空调系统、电气智能化系统、燃气系统等。

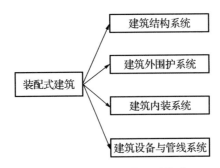

图 2.1 装配式建筑系统构成

2.1.1 建筑结构系统

根据建筑的使用功能、建筑高度、造价及施工等的不同,组成建筑结构构件的梁、柱、墙等可以选择不同的建筑材料及不同的材料组合,例如,钢筋混凝土,钢材、钢骨混凝土,型钢混凝土以及木材等。装配式建筑根据主要受力构件和材料的不同可以分为装配整体式混凝土结构建筑、装配式钢结构建筑、装配式木结构建筑、装配式钢-混凝土组合结构建筑等。

1. 装配整体式混凝土结构

(1) 装配整体式混凝土框架结构

装配整体式混凝土框架结构(图 2.2)主要应用于空间要求较大的建筑,如商店、学校、医院等。框架结构的主要受力构件梁、柱、楼板及非受力构件墙体、外装饰等均可预制。预制构件一般有全预制柱、全预制梁、叠合梁、预制板、叠合板、预制外挂墙板、全预制女儿墙等。

技术特点:预制构件标准化程度高,构件种类较少,各类构件重量差异较小,起重机械性能利用充分,技术经济合理性较高;建筑物拼装节点标准化程度高,有利于提高工效;钢筋连接及锚固可全部采用统一形式,机械化施工程度高、质量可靠、结构安全、现场环保。其缺点是节点钢筋密度大,加工精度高,操作难度较大。

图 2.2　装配整体式混凝土框架结构

(2) 装配整体式剪力墙结构

装配整体式剪力墙结构(图 2.3)是住宅建筑中常见的结构体系。采用剪力墙结构的建筑物室内无突出于墙面的梁、柱等结构构件,室内空间规整。剪力墙结构的主要受力构件剪力墙、楼板及非受力构件、外装饰等均可预制。预制构件种类一般有预制围护构件(包含全预制剪力墙、单层叠合剪力墙、双层叠合剪力墙、预制混凝土夹心保温外墙板、预制叠合保温外墙板)、预制剪力墙内墙、全预制梁、叠合梁、全预制板、叠合板、全预制阳台板、叠合阳台板、预制飘窗、全预制空调板、全预制楼梯、全预制女儿墙等。

技术特点:预制构件标准化程度较高,预制墙体构件、楼板构件均为平面构件,生产、运输效率较高;竖向连接方式采用螺栓连接、灌浆套筒连接、浆锚搭接等连接技术;水平连接节点部位后浇混凝土。难点:在于预制剪力墙T形、十字形连接节点钢筋密度大,操作难度较高。

 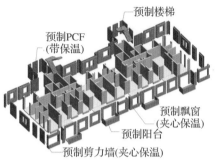

图2.3 装配整体式剪力墙结构

(3)装配整体式框架-剪力墙结构

装配整体式框架-剪力墙结构(图2.4)是办公、酒店类建筑中常见的结构体系,剪力墙为第一道抗震防线,预制框架为第二道抗震防线。预制构件一般有预制外挂墙板、全预制柱、叠合梁、全预制板、叠合板、全预制女儿墙等。其中,预制柱的竖向连接采用钢筋套筒灌浆连接。

技术特点:结构的主要抗侧力构件剪力墙一般为现浇,第二道抗震防线框架为预制,预制构件标准化程度较高,预制柱、梁构件及楼板构件均为平面构件,生产、运输效率较高。

 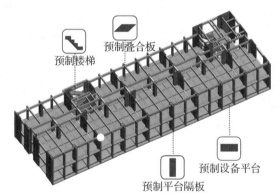

图2.4 装配整体式框架-剪力墙结构

2.装配式钢结构

钢结构非常适合工业化装配,钢材本身具有良好的机械加工性能,适合工厂化生产和加工制作。与混凝土相比,钢结构较轻,便于运输、装配。目前多高层装配式钢结构建筑结构体系有纯框架、框架-支撑体系、集装箱、钢管束、钢异形柱等。

(1)钢框架结构

钢框架结构(图2.5)的主要结构构件为钢梁和钢柱,钢梁和钢柱在工厂预制,在现场通过节点连接形成框架。一般情况下,框架结构的钢梁与钢柱采用栓焊连接或全焊接连接的刚性连接,以提高结构的整体抗侧刚度;为减少现场的焊接工作量,防止梁与柱连接焊缝的脆断,加大结构的延性,在有可靠依据的情况下,也可采用全螺栓的半刚性连接。

图 2.5 钢框架结构

该体系具有如下优点:可根据建筑功能的需求进行梁柱的灵活布置,可增加建筑使用空间的利用率;自重较轻,材料延性好,有利于抗震;构件的生产、运输和现场安装效率高。

不足之处:由于纯钢框架抗侧力刚度较小,为了控制位移,构件的截面很大;钢框架属于有侧移结构,因此较难满足高烈度地区对建筑抗震性能的要求,建筑层数及高度受限较严。

(2) 钢框架-支撑结构

钢框架-支撑结构(图 2.6)是指沿结构的纵、横两个方向或者其他主轴方向,根据侧力的大小布置一定数量的竖向支撑所形成的结构体系。钢框架-支撑结构的支撑在设计中可采用中心支撑、屈曲约束支撑和偏心支撑。

图 2.6 钢框架-支撑结构

该体系具有如下优点:与纯钢框架建筑一样,可根据建筑功能的需求进行梁柱的灵活布置,而支撑可选择设置在不影响建筑使用功能的位置,构件截面尺寸相对较小,增加建筑使用空间的利用率,同时降低了整体用钢量;由于支撑的存在,相较于纯框架建筑,钢框架支撑体系抗侧能力有显著增加。

不足之处:支撑布置受建筑功能的影响,不易找到合适的布置位置。

（3）钢框架-延性墙板结构

钢框架-延性墙板结构(图 2.7)中的延性墙板主要指钢板剪力墙和内藏钢板支撑的剪力墙等。钢板剪力墙是以钢板为材料填充于框架中承受水平剪力的墙体,根据其构造分为非加劲钢板剪力墙、加劲钢板剪力墙、防屈曲钢板剪力墙以及双钢板组合剪力墙等形式。

图 2.7　钢框架-延性墙板结构

（4）钢管束组合剪力墙

钢管束组合剪力墙结构是由钢管束组合剪力墙、H 型钢梁、钢筋桁架楼承板、轻质内隔墙等构件构成,具体如图 2.8 所示。

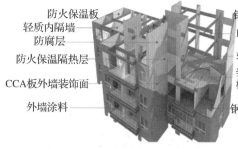

防火保温板
轻质内隔墙
防腐层
防火保温隔热层
CCA板外墙装饰面
外墙涂料

钢管束组合剪力墙
H型钢梁
轻质防火板
装配式钢筋桁架楼承板
钢管束内灌混凝土

图 2.8　钢管束组合剪力墙结构

该体系具有如下优点:采用钢管束代替传统混凝土剪力墙,基本做到室内不凸柱,在平面空间上最大化服务于建筑;同混凝土墙一样,平面布置可跟随建筑功能房间的需求灵活调整;钢管束剪力墙、钢异形柱较常规混凝土墙柱承载力和构件延性更好,施工效率更高。

不足之处:较常规钢结构用钢量增大;与常规钢管混凝土柱相比,由于此类构件空腔数量较多,截面较小,因此对混凝土作业的质量要求更高,人工及材料成本有一定的上升;组合截面在工厂生产过程中,在具备完整的机械化生产线前,人工及时间成本较高,且焊接次数较多,焊缝较多,质量较难控制,同时检测成本也相应提高。

（5）模块化集装箱式房

模块化集装箱式房是一种可移动、可重复使用的建筑产品，采用模数化设计、工厂化生产，以箱体为基本单元，可单独使用，也可通过水平及竖直方向的不同组合形成宽敞的使用空间，竖直方向可以叠层。箱体单元结构是采用特殊型钢焊接而成的标准构件。箱与箱之间通过螺栓连接而成，结构简单，安装方便快捷。

钢结构箱式房具备五大突出优势，非常适合作为临建产品或医院等领域的紧急用房（如火神山、雷神山医院的主体采用轻钢结构搭建，病房是使用特殊型钢焊接而成的模块化集装箱式房，见图 2.9、图 2.10 所示）：

① 运输方便，直接在工厂预制生产好各个构件，到现场即可直接拼装；

② 坚固耐用，抗震、抗变形能力均较强；

③ 具备隔热、防潮、防水等性能，且密封性能好，严格的制造工艺使得其可以很好地应用于传染病医院等领域；

④ 活动房基于标准钢材底盘之上，可衍生出许多组合空间；

⑤ 布局灵活、拆装方便。

图 2.9　火神山医院施工进度图

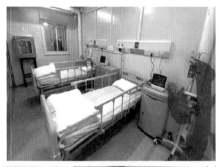 

 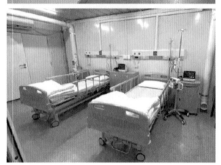

图 2.10　病房内部设施

3. 装配式木结构

木结构是我国古代建筑中最常用的一种结构体系,它以木构梁柱为承重骨架,柱与梁之间多为榫卯结合,以砖石为体、结瓦为盖、油饰彩绘为衣,经能工巧匠精心设计、巧妙施工而成,集历史性、艺术性和科学性于一身,具有极高的文物价值和观赏价值。木结构建筑发展至今,已从传统重木结构建筑进入现代木结构建筑的新发展阶段。

现代因木结构可工业化的建造模式,出现了预制装配式木结构建筑的提法。装配式木结构建筑符合建筑全寿命周期的可持续性的原则,采用系统集成的方法统筹设计、制作运输、施工安装和使用维护,实现了结构系统、外围护系统、设备与管线系统、内装系统的全过程协同工作。装配式木结构建筑采用工厂预制加工、现场组装的建造模式,建造周期短,施工效率高。

装配式木结构房屋的主要特点有:

① 主体建造完成后基本不需要二次装修,做到建造完成即可入住,不存在装修污染问题。

② 整体装配率较高,房屋建造工较短。

③ 低碳环保、抗震性能优异,能耗低,冬暖夏凉。

④ 房屋本身采用纯木制材料,皮肤和木材接触不会感到任何不适,符合绿色人居生活标准。

⑤ 风格多样,设计灵活,可重复利用,得房率高。

工程中常用的木材类型如图 2.11 所示。

（a）单板层胶合木（LVL）

（b）平行木片胶合木（PSL）

（c）层叠木片胶合木（LST）

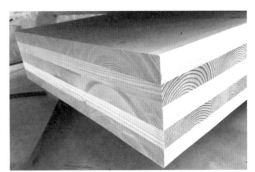
（d）正交胶合木（CLT）

图 2.11　工程中常用的木材类型

木结构建筑一般分为轻型木结构、胶合木梁柱框架结构、正交胶合木板式结构、大跨木结构等。

（1）轻型木结构

轻型木结构（图 2.12）建筑可根据施工现场的运输条件，将木结构的墙体、楼面和屋面承重体系（如楼面梁、屋面桁架）等构件在工厂制作成基本单元，然后在现场进行安装的方式建造。在工厂可将轻型木结构建筑基本单元制作成预制板式组件或预制空间组件，也可将整栋建筑进行整体制作或分段预制，再运输到现场，与基础连接或分段安装建造。规模较大的轻型木结构建筑能够在工厂预制成较大的基本单元，运输到现场采用吊装拼接而成。在工厂制作基本单元时，可将保温材料、通风设备、水电设备和基本装饰装修一

图 2.12　轻型木结构

并安装到预制单元内,装配化程度很高。轻型木结构建筑可以根据具体的预制化程度要求,实现更高的预制率和装配率。

(2)胶合木梁柱框架结构

胶合木梁柱框架结构的主体构件均由胶合木制成,并由金属连接件连接组合。

由于此结构体系抗侧刚度不足,因此常采用胶合木梁柱框架-支撑结构、胶合木梁柱框架-剪力墙结构(图2.13)形式。胶合木梁柱框架-支撑结构(图2.14)是指在木框架中增加支撑,主体木框架主要承受竖向荷载、斜向支撑承受水平向荷载。胶合木梁柱框架-剪力墙结构是指在木框架中增加剪力墙,主体木框架主要承受竖向荷载、剪力墙承受水平向荷载。这两种结构体系的特点是梁柱布置灵活、结构体系清晰、传力途径明确。

图 2.13　胶合木梁柱框架-剪力墙结构

图 2.14　胶合木梁柱框架-支撑结构

(3)正交胶合木板式结构

正交胶合木(Cross Laminated Timber,简称 CLT)是指层板相互叠层垂直正交组坯后胶合而成的工程木产品。正交胶合木因其由相互交错的层板胶合而成,在两个方向均有很好的力学性能,可制作成墙体和楼屋盖的结构构件(图2.15)。CLT 的特点包括:适应性强;轻质高强;制作误差小、尺寸稳定性高;火灾中承载力高;隔热性能好;自重低、安装运输成本低、基础简单;抗化学侵蚀能力强;易于生产。CLT 结构体系一般以 CLT 的墙体、楼板及屋面板为主要受力构件,结构竖向荷载、水平荷载均由 CLT 板承受,结构抗侧刚度大、装配化程度高。

图 2.15 CLT 结构

（4）大跨木结构

大跨木结构是指采用胶合木构件作为大跨空间结构的主要受力构件，包括木桁架结构、木张弦梁结构、木拱结构、木网架结构、木网壳结构等，一般多运用于体育馆、展览馆、桥梁等公共建筑上。

木桁架结构（图 2.16）是由木构件组成的桁架，桁架中的各杆件主要承受轴向力。木桁架自重轻、结构抗弯强度大，可实现大跨度。木桁架按几何形式可分为三角形桁架、梯形桁架及多边形桁架。木桁架的结构形式应根据建筑类型要求、结构跨度及桁架的受力性能等因素确定。

图 2.16 木桁架结构

木张弦梁结构（图 2.17）是由上弦杆、腹杆、拉索组成的自平衡体系，其中上弦杆、腹杆可采用胶合木。该结构通过张拉下弦拉索，使撑杆对上弦杆产生竖向顶升力，改善了上弦杆的内力幅值与分布，减小了由外荷载产生的内力和变形。木张弦梁结构体系简单、受力明确、结构形式多样，可分为单向木张弦梁结构、双向木张弦梁结构、多向木张弦梁结构及辐射式木张弦梁结构。

木拱结构（图 2.18）是由胶合木拱和支座组成，木拱主要承受轴向压力，在竖向荷载作用下支座处产生水平推力。拱的轴线及几何尺寸由跨度、矢高、建筑造型等因素决定。木拱可充分发挥材料的性能。木拱构件的截面尺寸较小，可节约木材，用料经济。

图 2.17　木张弦梁结构

图 2.18　木拱结构

木网架结构(图 2.19)为空间铰接杆系结构,杆件主要受轴向力作用,可充分发挥材料性能。网架节点受力合理、传力明确。网架的高度与屋面荷载、跨度、平面形状、支承条件等因素有关。

图 2.19　木网架结构

木网壳结构(图 2.20)是一种与平板网架类似的空间杆系结构,其是以杆件为基础,按一定规律组成网格,按壳体结构布置而成的空间构架。它兼具网架结构和薄壳结构的性质,受力合理,跨度大,合理的曲面可以使结构力流均匀。结构具有较大的刚度,结构变形小,稳定性高,节省材料。

图 2.20　木网壳结构

4. 装配式组合结构

装配式组合结构(图 2.21)采用钢筋混凝土核心筒与外围钢框架的双重抗侧力体系，钢筋混凝土核心筒主要提供抗侧力，外围钢框架主要承受竖向作用力。装配式组合结构具有如下优势：结构重量轻、强度高；钢结构空间布置自由，形成大柱距、大开间的开放性可变空间；以混凝土结构作为核心筒，防火、抗倒塌性能更优，可提供更为可靠的安全逃生空间；施工周期短、工业化程度高。

图 2.21　装配式组合结构

2.1.2　建筑外围护系统

建筑外围护系统系由墙体系统、屋面系统、外门窗系统组成。外围护系统能够遮蔽外界恶劣气候的侵袭，同时也起到隔声的作用，从而保证使用人群的安全性和私密性。外围护系统的设计融合了艺术、科学及施工工艺，其设计需要考虑的因素有：外观、防水性能、结构性能、热工性能、声学性能、防火性能、防雷措施等。

1. 外墙系统

（1）预制混凝土外挂墙板

预制混凝土外挂墙板(图 2.22)利用混凝土可塑性强的特点，可充分表达建筑师的设计意愿,使大型公共建筑外墙具有独特的表现力。其在工厂采用工业化生产,具有施工速度快、质量好、维修费用低的特点。根据工程需要,可设计成集外装饰、保温、墙体围护于一体的复合保温外挂墙板,也可以设计成复合墙体的外装饰挂板(图2.23)。

（a）北京市政府办公楼项目　　　　（b）济南万科金域国际项目

图 2.22　预制混凝土外挂墙板

图 2.23　预制混凝土复合外墙板

（2）建筑幕墙

建筑幕墙种类有玻璃幕墙、金属与石材幕墙、人造板材幕墙等,如图2.24所示。对于住宅建筑,特别是高层住宅建筑,采用玻璃、金属或全石材幕墙的较少,传统外墙涂料、贴面砖等方式均存在较多问题,也不利于装配式干式工法和免外架作业方式推广,可优先考虑采用人造板材幕墙体系,特别是增强纤维水泥(GRC)轻质外墙装饰板,其包括仿石材、仿金属、仿木纹、氟碳涂装等多风格、多样式组合,可满足大部分建筑外立面饰面效果的需求。

（3）轻钢龙骨式复合墙板组件体系

轻钢龙骨式复合墙板(图2.25)由以冷弯薄壁型钢为主的构件组成墙架,并填充保温隔热材料,外覆结构则是用板材构成的复合建筑部品,包括承重墙板和非承重墙板。可采用工厂预制模块,现场整体安装或部分在现场安装方式。可用于低层和多层轻钢体系建筑的外墙,以及多层和高层公共建筑和住宅建筑的外墙。

（a）铝板幕墙　　　　　　　　　　　　　　　　（b）石材幕墙

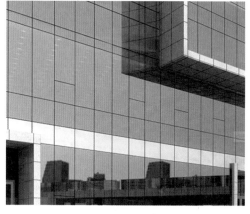

（c）玻璃幕墙　　　　　　　　　　　　　　　　（d）GRC幕墙

图 2.24　建筑幕墙类型

内墙腻子涂料
双层石膏板
保温棉
轻钢龙骨
外墙OSB板(可取消)
外墙丙纶(可取消)
外墙木方(可取消)
外墙挤塑板/聚苯板
(可取消)
金属雕花板

图 2.25　轻钢龙骨式复合墙板组件体系

（4）条板外墙体系

条板外墙采用包括预制实心条板（内铺设支撑骨架）、复合夹芯条板等外墙板材,通过外挂、内嵌、嵌挂结合等方式连接固定的外围护体系。外墙饰面可采用后置挂板、保温装饰一体化或现场涂覆等方式,其可用于多层和高层公共建筑和居住建筑的外墙。ALC外墙板如图 2.26 所示。

图 2.26 蒸压加气轻质混凝土外墙板(Autoclaved Lightweight Concrete)

2. 屋面系统

装配式建筑屋顶的类型分为平屋顶和特殊形式的屋顶(如网架、悬索、壳体、折板、膜结构等)。按屋顶材料的不同可分为钢筋混凝土屋面和金属屋面。按防水材料和防水构造的不同可分为卷材防水屋面,涂膜防水屋面,复合体、折板、膜结构等防水屋面,以及保温隔热屋面(保温屋面是具有保温层的屋面;隔热屋面是以通风、散热为主的屋面,包含蓄水屋面、架空屋面、种植屋面三种做法)。

屋面应能够承受雨雪、积灰、设备和上人所产生的荷载并顺利地将这些荷载传递给墙或柱。屋面是建筑最上层的围护结构,它应具有一定的热阻能力,以防止热量从屋面过分流失。屋面防水层的整体性受结构变形与温度变形叠加的影响,变形超过防水层的延伸极限时就会造成开裂及漏水。屋面应形成连续的完全封闭的防水层,选用耐候性好、适应变形能力强的防水材料。防水材料应能够承受因气候条件等外部因素作用引起的老化,防水层不会因基层的开裂和接缝的移动而损坏破裂。不同的屋顶样式见图 2.27 所示。

(a) 虚构架屋顶   (b) 平屋顶   (c) 退台式屋顶   (d) 异型屋顶

图 2.27 不同的屋顶样式

装配式建筑的屋面是独立于其他标准层之外的部分,也是可变性最高的部分。其设计处理的好坏直接影响建筑整体造型,屋面形式直接影响建筑造型的多样化。现代建筑发展至今,屋面设计层出不穷,除了常见的平屋面,还有坡屋面、阶梯式屋面等屋面形式。随着可持续发展的理念深入建筑设计中,太阳能屋面板、屋顶绿化也被装配式建筑广泛采用(图 2.28、图 2.29)。

图 2.28　屋顶绿化

图 2.29　太阳能屋面

3. 外门窗系统

门窗被誉为建筑的眼睛,是建筑的重要组成部分,不仅为建筑外立面提供了丰富的装饰效果,还是控制建筑能耗的重要环节。外门窗设计应重点关注气密性、水密性、抗风压性,它们在建筑外门窗检验中均为必检项目,《建筑外门窗气密、水密、抗风压性能检测方法》(GB/T 7106—2019)和《建筑外窗气密、水密、抗风压性能现场检测方法》(JG/T 211—2007)对门窗的三项基本性能检测都有明确要求。

(1)气密性能

气密性能也称空气渗透性能,是指外门窗可开启部分在正常关闭状态时,阻止空气渗透的能力。外门窗气密性能的高低,对热量的损失影响极大,气密性能越好,则热交换就越少,对室温的影响也越小。气密性能的衡量是以标准状态下,单位开启缝长空气渗透量和单位面积空气渗透量来作为评价指标。

(2)水密性能

水密性能是指外门窗可开启部分在关闭状态时,在风雨同时作用下,阻止雨水渗漏的能力。一般检测外门窗水密性能采用的标准是《建筑外门窗气密、水密、抗风压性能检测方法》(GB/T 7106—2019),该标准详细规定了对检测设备的要求、性能检测的方法以及水密性能的分级指标。

(3)抗风压性能

抗风压性能是指外门窗可开启部分在正常关闭状态时,在风压作用下不发生损坏(如:开裂、面板破损、连接破坏、粘连破坏、窗扇掉落等)和五金件松动、启闭困难等功能障碍的能力。其安全检测方法是检测试件在瞬时风压作用下,抵抗损坏或不发生功能障碍的能力。

2.1.3　建筑内装系统

装修设计是建筑设计的延续,根据建筑物的使用性质、所处环境和相应标准,运用物质技术手段和建筑设计原理,创造出功能合理、舒适优美,满足人们物质和精神生活需要的室内环境。这一空间环境既具有使用价值,满足相应的功能要求,又反映了历史文脉、建筑风格、环境气氛等精神因素。

我国的装饰行业起步晚,发展速度快,建造方式还处于较为粗犷的状态。大部分的室内装饰设计都是在建筑施工完成以后进行,不可避免地会产生大量的拆改;加之生产方式和管理模式的落后,行业门槛较低,从业人员素质参差不齐,行业一度比较混乱。在传统建筑作业中,充斥着大量的现场湿作业,建筑基层的精度和质量会存在各种各样的问题,为了解决这些问题,需要对建筑墙体进行抹灰找平,造成不必要的资源浪费。传统室内装饰施工过程中,所有的装饰材料都需要先对现有基层进行核尺,之后才能下单加工。尺寸的误差对于室内装饰来说是十分致命的,往往会造成很大的材料浪费,还要进行材料的重新加工,延长了施工周期。装配化装修则是采用干式工法,由产业工人按照标准程序将工厂生产的标准化内装部品、部件在现场进行组合安装的装修方式,其本质上是工业产品的逻辑,是工业生产思维取代现场加工思维。

装配化装修系统由墙面系统、顶面系统、地面系统、门窗系统、集成厨房系统、集成卫生间系统等组合而成。装配化部品是由工厂标准化生产、现场组装,满足建筑装饰功能要求的内装模块化单元,包括隔墙部品、墙面部品、顶面部品、地面部品、设备及管线部品、厨房部品、卫生间部品等(图 2.30、图 2.31)。

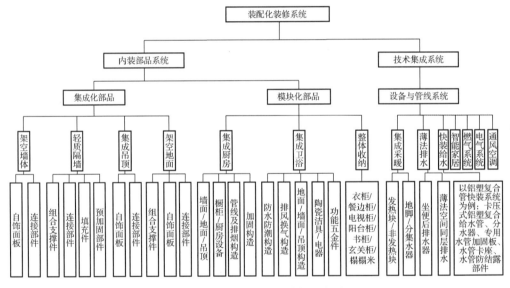

图 2.30　装配化装修系统部品部件

同传统装修相比,装配化装修的技术优势更为明显:

(1) 采用的是 SI 体系[支撑体(Skeleton)和填充体(Infill)分离],即装配化装修将建筑和装饰分离,三大装饰面(墙、顶和地)及电机管线均与主体分离,不破坏建筑本体结构。

(2) 装配化装修所有部品部件均在工厂生产,品质和稳定性更有保障。

(3) 装配化装修现场为干法施工,不用水和砂浆。

(4) 装修现场为组合式安装,集成部品部件,由安装工人按说明完成室内组装,对工人的技术要求低,可大大节省工期(图 2.32、图 2.33)。

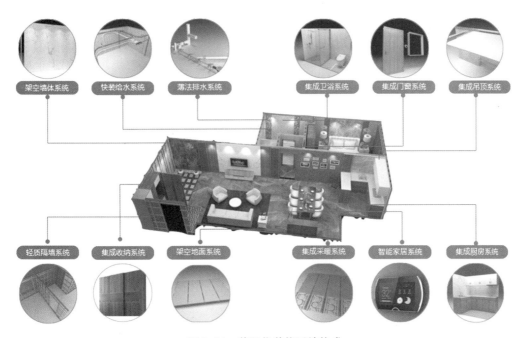

图 2.31　装配化装修系统构成

(图片来源:和能人居全屋装配化装修部品体系)

图 2.32　多样化部品

图 2.33　部品部件物理连接方式

装配化装修设计应满足以下基本原则:

(1)装配化装修设计、部品生产、施工,应满足标准化、参数化要求,便于部品及设备、管线检修更换,不应影响结构的安全性和耐久性。

(2)装配化装修工程应由具备相应资质的设计、施工、监理等单位承担,并形成完整的设计、施工、验收等文件资料。从事装修设计、施工、监理、检测等的专业技术人员应持证上岗。

(3)装配化装修工程应充分考虑装修工业化生产的要求,提高装配化程度,不断提高标准化、工厂化、集成化、多样化的产业发展水平。

2.1.4　建筑设备与管线系统

装配式混凝土建筑设备与管线设计应采用标准化、集成化、一体化的方法,将给排水、采暖、通风、空调、电气及智能化等设备与管线系统设计,与建筑、结构、内装设计同步协同进行,使各专业系统既相对独立又相互融合,最大化节约空间,提高运行效能,便于管理与维护。垂直走向设备与管线应在管井中集约化设置,水平走向设备与管线应在架空层或吊顶内标准化设置。公共管线、阀门、检修口、计量仪表、电表箱、配电箱、智能化配线箱等,应统一集中设置在公共区域。

设备和管线设计应与建筑设计与内装设计同步进行,设备管线与结构主体相分离,户界分明,方便维修更换。选型和定位应合理、准确,预留预埋应满足结构专业相关要求,不得在安装完成后的预制构件上剔凿沟槽、打洞等,穿越楼板管线较多且集中的区域可采用现浇楼板,不应影响主体结构安全。

设备部品与配管连接、配管与主管道连接及部品间连接应采用标准化接口,且应方便安装使用维护。各系统设备及管线不得直埋于预制构件及预制叠合楼板的现浇层。当条件受限管线必须暗埋或穿越时,横向布置的管道及设备应结合建筑垫层进行设计,也可在预制梁及墙板内预留孔、洞或套管;竖向布置的管道及设备需在预制构件中预留沟、槽、孔洞或套管。设备与管线穿越楼板和墙体时,应采取防水、防火、隔声、密封等措施,防火封堵应符合现行国家标准《建筑设计防火规范》(GB 50016)的有关规定。

1. 给排水系统

装配式混凝土建筑应考虑公共空间竖向管井位置、尺寸及共用的可能性,将其设于易于检修的部位,竖向管线的设置宜相对集中,水平管线的排布应减少交叉。穿预制构件的管线应预留或预埋套管,穿预制楼板的管道应预留洞,穿预制梁的管道应预留或预埋套管。管井及吊顶内的设备管线安装应牢固可靠,应设置方便更换、维修的检修门(孔)等措施。

住宅的给水总立管、雨水立管、消防立管、采暖供回水总管不应布置在套内。公共功能的阀门等用于总体调节和检修的部件,应设在共用部位。给水管道敷设时,不得直接敷设在建筑物结构层内,干管和立管应敷设在吊顶、管井、管槽内,支管宜敷设在楼地面的垫层内或沿墙敷设在管槽内,敷设在垫层或墙体管槽内的给水支管的外径不宜大于25 mm。给水系统的给水立管与部品水平管道的接口宜设置内螺纹活接连接。部品内宜设置给水分水器,分水器与用水器具的管道应一对一连接,管道中间不得出现接口;分水器应设置在便于维修管理的位置。

住宅套内宜优先采用同层排水,同层排水的房间应有可靠的防水构造措施。采用整体卫浴、整体厨房时,应与厂家配合土建预留净尺寸及设备管道接口的位置及要求。太阳能热水系统集热器、储水罐等设备应与建筑一体化设计,结构主体做好预留预埋。

2. 供暖、通风、空调系统

装配式建筑应采用适宜的节能技术,维持良好的热舒适性,降低建筑能耗,减少环境污染,并充分利用自然通风。供暖、通风、空调系统宜优先采用模块化、标准化产品。室内采暖系统可采用低温热水地面辐射供暖系统,也可采用散热器供暖系统。当采用低温热水地面辐射供暖系统时,宜采用干式工法敷设。有外窗的卫生间,当采用整体卫浴或采用同层排水架空地板时,宜采用散热器供暖。供暖系统的主立管及分户控制阀门等部件应设置在公共空间竖向管井内,户内供暖管线宜设置为独立环路。采用低温热水地面辐射供暖系统时,分、集水器宜配合建筑地面垫层的做法设置在便于维修管理的部位。采用散热器供暖系统时,应合理布置散热器位置、采暖管线的走向。

采用分体式空调机时,应在卧室、起居室预留空调设施的安装位置,并预留预埋条件。

当采用集中新风系统时,应确定设备及风道的位置和走向。住宅厨房及卫生间应确定排气道的位置及尺寸。当在墙板或楼板上安装供暖与空调设备时,其连接处应采取加强措施。

3. 电气和智能化系统

装配式建筑电气与智能化设备及管线的设计,应做到电气系统安全可靠、节能环保、设备布置整体美观。应进行管线综合设计,减少管线的交叉重叠。

电气、电信等主干线应集中设置在共用部位的竖井内,便于维修维护。配电箱、智能化配线箱应做到布置合理、定位准确,不宜安装在预制构件上。穿越预制构件的电气管线、槽盒均应预留孔洞,严禁剔凿。当大型灯具、桥架、母线、配电设施等安装在预制构件上时,应采用预留预埋件固定。

集成式厨房、集成式/整体式卫生间应设置单独的配电线路,设有淋浴设施的集成式/整体式卫生间应与卫生间地面采取等电位连接。

采用预制柱结构形式时应尽量利用预制柱内主筋作为防雷引下线,当实体柱内主筋无法满足电气要求时,可在实体柱预制时预先埋设两根扁钢作为防雷引下线。建筑外墙上的金属管道、栏杆、门窗等金属物需要与防雷装置连接时,应与相关预制构件内部的金属件连接成电气通路。

住宅中应合理确定分户配电箱位置,分户墙两侧暗装电气设备不应连通设置。预制构件设计应考虑内装要求,确定插座、灯具位置以及网络接口、电话接口、有线电视接口等的位置。在预制墙体内、叠合板内暗敷设时,应采用线管保护,在预制墙体上设置的电气开关、插座、接线盒、连接管线等均应进行预留预埋。在预制外墙板、内墙板的门窗过梁及锚固区内不应埋设设备管线。开关和插座的高度应注意适老化设计。

2.2 装配式建筑系统集成

传统的房屋建造,分为建筑师牵头的专业拆分式的建筑设计和施工单位主导的现场施工两个阶段,且二者明显分离。装配式建筑的建造,是基于部品部件进行系统集成以实现建筑功能并满足用户需求的过程,建筑是最终产品。所以,必须采用产品化思维站在建筑系统集成的层面上去思考问题。然而现实是,装配式建筑的实施,还在大量沿用传统的思路。

装配式建筑要求打破传统的先专业拆分设计后施工的模式,转到以建筑师牵头,进行建筑系统集成、建筑产品化的思路上来。建筑师不再是传统意义上的设计师,而是集成师和产品经理,主导进行产品化的设计和集成。没有集成产品功能和体验导向的思维,做不出高品质的装配式建筑。在传统的建筑功能需求基础上,熟悉各种部品部件性能并将其整合的建筑系统集成技术,已经成为装配式建筑的技术核心。

因此,必须摒弃传统的专业拆分设计、设计施工分离的思路与做法,从系统集成的角度去看待装配式建筑,以系统工程的方法为指导,以 BIM 等技术为工具,以建筑功能为核心,以结构布置为基础,以工业化的围护、内装和设备管线部品为支撑,综合考虑建筑功能、外立面、结构体系、围护系统、管线系统、防火、内装等各方面的协同与集成,实现主体结构系统、外围护系统、设备与管线系统和内装系统的一体化(图 2.34)。同时,装配式建筑可集成绿色节能建筑技术实现全产业链上资源节省、节能环保;可集成被动式建筑技术营造出最佳的建筑围护结构,最大限度地提高建筑保温隔热性能和气密性,使建筑依靠自身产生的能量以及合理利用可再生资源,创造具有适宜健康的温度、湿度、空气新鲜度的室内环境;可集成智能建筑技术实现建设智能环境系统、智能办公系统、楼宇自动化、智能安防系统、智能家居系统,满足现代化生活办公的需要。

图 2.34　装配式建筑系统集成

2.2.1　集成化设计特征

建筑是一个复杂的系统,它的每一个组成部分对总的系统优化都有影响,因此它们应被当作一个整体加以考虑。建筑、结构、机电、内装的集成设计,它们各自既是一个完整独立的系统,又共同构成一个更大的系统,四个系统既独立存在,又从属于大的建筑系统,它们相互依存,相互影响。集成系统是由若干模块组成,模块化的过程是一个解构及重构的过程。简言之,就是将复杂的问题自上而下地逐步分解成简单的模块解构,被分解的模块又可以通过标准化接口进行动态整合重构,被分解的模块具备下表所示的特征(表2.1)。

表 2.1　模块特征

特征	内容
独立性	模块可以单独进行设计、分析、优化等
可连接性	模块可以通过标准化接口进行相互联系。接口的可连接性往往是通过逻辑定位来实现的,逻辑定位可以理解为模块内部的特征属性
系统性	模块是系统的一个组成部分,在系统中模块可以被替代、被剥离、被更新、被添加,但是无论在什么情形下,模块与系统间仍然存在内在的逻辑联系
可延展性	模块可以根据需要不断扩充子模块的数量及功能,可以形成一个模块的数据库并不断进行更新和管理。通用的模块不断被延展扩充,是解决工业化定制生产的重要前提

"系统工程"是实现系统最优化管理的理论基础,是二战后人类社会若干重大科技突破和革命性变革的基础性理论支撑和方法论。比如美国研制原子弹的曼哈顿计划和登月阿波罗计划就是系统工程的杰作。我国"两弹一星"以及运载火箭等重大项目的成功,也是受惠于钱学森先生将系统工程的理论和方法引入并结合了我国国情。装配式建筑需要向制造业学习,将装配式建筑作为一个完整的建筑产品来进行研究和实践,形成以达到总体效果最优为目标的理论与方法,才能实现装配式建筑的高质量、可持续发展。系统工程理论是装配式建筑集成设计的基本理论。在装配式建筑设计过程中,必须建立整体性设计的方法,采用系统集成的设计理念与工作模式:

(1)建立一体化、工业化的系统方法。设计伊始,首先要进行总体技术策划,要先决定整体技术方案,然后进入具体设计,即先进行建筑系统的总体设计,然后再进行各子系统和具体分部设计。

(2)将建筑作为整体对象进行一体化设计。装配式建筑设计应实现各专业系统之间在不同阶段的协同、融合、集成,实现建筑、结构、机电、内装、智能化、造价等各专业的一体化集成设计。

(3)以实现工程项目的整体最优为目标进行设计。通过综合各专业的系统,进行分析优化,采用信息化手段来构建系统模型,优化系统结构和功能质量,使之达到整体效率、效益最大化。

(4)采用标准化设计方法,遵循"少规格、多组合"的原则进行设计。需要建立建筑部品和单元的标准化模数模块、统一的接口和规则,实现平面标准化、立面标准化、构件标准化和部品标准化。

(5)充分考虑生产、施工的可行性和经济性,通过整体的技术优化保证建筑设计、生产运输、施工装配、运营维护等各环节实现一体化建造。

2.2.2 集成化实现方法

1. 协同设计

与传统建筑的建设流程(图 2.35)相比,装配式建筑的建设流程(图 2.36)更全面、更精细、更综合,强调了建筑的一体化设计和协同设计。

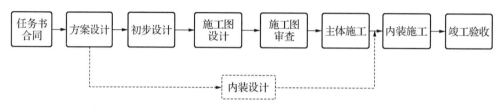

图 2.35 传统建筑的建设流程图

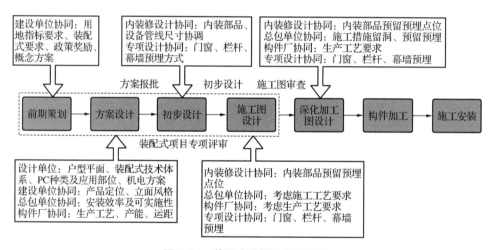

图 2.36 装配式建筑建设流程图

装配式建筑应利用信息化技术手段实现建筑的协同设计,保证建筑结构、机电设备及管线、室内装修、生产、施工形成有机结合的完整系统,不仅应加强设计阶段的建设、设计、制作、施工各方之间的关系协同,还应加强建筑、结构、设备、装修等专业之间的协同配合。建筑专业协同各专业设计的主要内容详见图 2.37 所示。

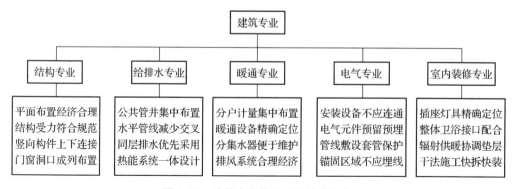

图 2.37 建筑专业协同设计技术要点

实现协同的方法很多,如采用 EPC、PPP、BIM 及全过程造价咨询和全过程工程咨询等全新的组织方式或管理平台(表 2.2)。

表 2.2　协同设计模式

协同模式	内容
EPC	EPC(Engineering Procurement Construction)是指公司受业主委托,按照合同约定对工程建设项目的设计、采购、施工、试运行等实行全过程或若干阶段的承包。通常公司在总价合同条件下,对其所承包工程的质量、安全、费用和进度进行负责。该模式实现了建筑产品形成过程中的设计、采购和施工的集成
PPP	PPP(Public-Private Partnership),又称 PPP 模式,是指政府公共部门与私营部门合作过程中,让非公共部门所掌握的资源参与提供公共产品和服务,从而实现合作各方达到比预期单独行动更为有利的结果。与 BOT(Build-Operate-Transfer,即建设—经营—转让)相比,狭义 PPP 的主要特点是,政府对项目中后期建设管理运营过程参与更深,企业对项目前期科研、立项等阶段参与更深。政府和企业都是全程参与,双方合作的时间更长,信息也更对称。该模式实现了建设项目决策、实施和运营不同阶段的集成
BIM	BIM 的英文全称是 Building Information Modeling,BIM(建筑信息模型)不是简单地将数字信息进行集成,而是一种数字信息的应用,是可以用于设计、建造、管理的数字化方法。这种方法支持建筑工程的集成管理环境,可以使建筑工程在其整个进程中显著提高效率、大量减少风险。该模式实现了建设项目不同阶段信息的创建、管理与共享的集成

2. 一体化设计

按照系统工程理论方法,装配式建筑需要遵循"建筑、结构、机电、装修一体化,设计、生产、施工一体化,技术、管理、市场一体化"(简称"三个一体化")的建造方式。主要解决三个制约装配式建筑发展的关键问题:一是建筑、结构、机电设备、装饰装修各专业之间缺乏协同设计,只重视结构的装配化,不注重建筑围护系统、内装系统和机电设备系统的集成和配合,影响装配式建筑技术持续发展的问题;二是建筑设计、加工制造、装配施工各自分隔,设计不能满足工厂加工生产和现场装配施工需要的问题;三是在传统的施工组织管理模式下,产业链碎片化割裂严重,生产关系不能适应产业健康发展的需要,没有实现技术、管理、市场的有效整合问题。

(1) 建筑、结构、机电、装修一体化

从系统化设计角度,建筑、结构、机电、装修一体化主要解决工程设计层面的专业协同问题。在工程设计过程中,通过建筑、结构、机电、装修等各专业的一体化设计,主要解决各专业技术之间的协同配合问题,设计出完整的最终产品(建筑)。在设计过程中通过建立标准化的模数、模块,形成统一的技术接口和规则,实现建筑、结构、机电、装修之间的专业协同;在实施路径上,通过采用 BIM 信息化手段,确保各个专业在同一个虚拟模型上统一设计,实现建筑结构、机电设备和装饰装修的一体化,最终形成完整的高质量的设计产品。

(2) 设计、生产、施工一体化

从工程建设角度,设计、生产、施工一体化主要解决工程建造全过程的协调配合问题。

在工程建设中,需要各主要环节之间的协调配合,解决技术链之间的有效衔接,形成高度的组织化管理,向管理要效率和效益。通过切实可行的高效管理方法,解决设计、制作、施工之间相互脱节,各分包企业之间相互"扯皮"的问题,能够有效地消解工厂化、装配化带来的增量成本,减少过程中的浪费,大幅度地提升工程建设的效率和效益。

(3) 技术、管理、市场一体化

从产业化发展角度,技术、管理、市场一体化主要解决在以包代管的传统模式下,产业链碎片化割裂严重,生产关系不能适应产业健康发展的需要,没有实现技术、管理、市场的有效整合的问题。一直以来,我国建筑企业的技术与管理两层皮,技术是技术,管理是管理,技术研究缺乏与管理体系的融合,缺乏市场的需求研究,造成技术成果难以转化并形成生产力,只能束之高阁,可持续发展的能力不强。要提高企业自身的可持续发展的能力,解决管理和运行机制不适合技术发展和市场需求的问题,需要实现管理、技术和市场的一体化。

3　装配式建筑策划

现代建筑策划的思想是伴随着房地产开发而发展起来的。在项目开始建造之前,有必要对建设目标、相关建设条件、建设应采取的方法和程序、建设后的评价标准作出科学合理的预设。对于开发项目的建筑策划,以业主、消费者、社会三方共同利益为中心,在深刻评估社会效益、经济效益和环境效益的基础上,为业主规划出合理的建设方向,为使用者设计出更能满足他们生理和心理需求的,同时对周边环境产生最小副作用的建筑形式,为社会创造出赏心悦目的大众艺术。因此在项目前期进行合理的装配式建筑专项技术策划,是装配式建筑设计的一个关键环节。

3.1　策划要点

前期技术策划对预制装配式建筑项目的实施起到十分重要的作用,设计单位应在充分了解项目定位、建设规模、产业化目标、成本控制、外部条件等影响因素的情况下,制订合理的技术路线,提高预制构件的标准化程度,并与建设、施工单位共同确定技术实施方案,为后续的设计工作提供设计依据。装配式建筑策划要点如图3.1所示。

3.2　策划内容

装配式建筑是一个系统工程,相比传统的建造方式,预制构件的约束条件更多、更复杂。为了实现建造速度快、节约劳动力并提高建筑质量的目的,需要尽量减少现场湿作业,将大部分构件在工厂按计划预制并按时运到现场,经过短时间存放进行吊装施工。因此实施方案的经济性与合理性,生产组织和施工组织的计划性,设计、生产、运输、存放、安装等各工序的衔接性和协同性,相比传统的施工方式尤为重要。好的计划能有效控制成本,提高效率,保证质量,充分体现装配式建筑的产业化优势。技术策划的总体目标是使项目的经济效益、环境效益和社会效益实现综合平衡。

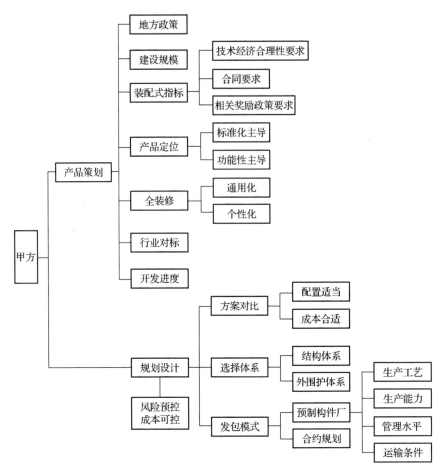

图 3.1 策划阶段要点

3.2.1 目标策划

目标策划是指从装配率、成本、工期、质量、绿色环保等方面进行项目的综合效益目标决策,选择相应的设计目标。装配式建筑目标策划详见表 3.1 所示。

表 3.1 装配式建筑目标策划

项目	策划目标
装配率	装配率达 50%;装配率达 60%(评价等级:A);装配率达 76%(评价等级:AA);装配率达 91%(评价等级:AAA)
建造成本	与传统现浇建筑持平;不高于传统建造方式 10%
建造工期	与传统现浇建筑持平;总工期减少 20% 以上
建造质量	分部工程 100% 合格率;分项工程 100% 合格率;国家级工程质量示范工地
绿色环保	现场节水指标 30% 以上;钢筋加工工厂化 80% 以上;钢筋损耗不大于 2%;预拌混凝土损耗不大于 1.5%;无模板、无支撑的楼板施工达 80% 以上;现场垃圾减少 50% 以上;施工噪音低于国标要求

关于装配率,不同地区有不同的计算方法。不同地区项目计算装配率时,应依据国标和当地最新政策、法规确定。在建筑策划阶段需确定项目的总体指标落实方案。装配式建筑可落实的指标目前分为两种:一种是土地出让合同上明确要求的,也就是该地块必须落实的装配式建筑面积和装配式建筑单体指标要求,该指标为本项目的最低指标要求;另一种是为享受当地装配式建筑的相关奖励政策,主动要求达到相关要求的指标。一般情况下,要满足相应的奖励政策,落实的单体的指标将高于土地合同的要求。目前各地采用的装配式建筑评价指标主要为装配率,江苏省的评价指标为预制装配率和"三板"应用比例。

2017年江苏省发布了《江苏省装配式建筑预制装配率计算细则(试行)》,将预制装配率作为装配式建筑的评价指标,并纳入土地政策中。2020年江苏省发布了《江苏省装配式建筑综合评定标准》(DB32/T 3753—2020),同时《江苏省装配式建筑预制装配率计算细则(试行)》废止,但考虑到政策的延续性,江苏省保留了预制装配率,但对预制装配率的计算方法参考国家《装配式建筑评价标准》作了调整,预制装配率计算公式如下:

$$Z = \alpha_1 Z_1 + \alpha_2 Z_2 + \alpha_3 Z_3$$

式中:Z——预制装配率;

Z_1——主体结构预制构件的占比;

Z_2——装配式外围护和内隔墙构件墙面面积的占比;

Z_3——工业化内装部品水平投影面积的占比;

α_1——主体结构的预制装配率计算权重系数(表3.2);

α_2——装配式外围护和内隔墙构件的预制装配率计算权重系数(表3.2);

α_3——工业化内装部品的预制装配率计算权重系数(表3.2)。

表3.2 预制装配率计算权重系数

分项	α_1	α_2	α_3
混凝土结构	0.5	0.2	0.3
钢结构、木结构	0.4	0.3	0.3
混合结构	0.45	0.25	0.3

Z_1项计算规则见表3.3所示。

表3.3 Z_1项计算规则

结构类型		计算公式
装配式混凝土结构		$Z_1 = (0.6 \times q_{竖向} + 0.4 \times q_{水平}) \times 100\%$
		$q_{竖向} = \dfrac{V_{1竖向}}{V_{竖向}} \times 100\%$
	剪力墙结构楼盖	$q_{水平} = \left(0.75 \times \dfrac{A_{1板类}}{A_{板类}} + 0.25 \times \dfrac{A_{1梁类}}{A_{梁类}} \right) \times 100\%$
	其他结构楼盖	$q_{水平} = \left(0.65 \times \dfrac{A_{1板类}}{A_{板类}} + 0.35 \times \dfrac{A_{1梁类}}{A_{梁类}} \right) \times 100\%$

结构类型	计算公式
装配式混凝土结构	$q_{竖向}$——混凝土结构主体结构中预制竖向构件体积占比 $q_{水平}$——混凝土结构主体结构中预制水平构件面积占比 $V_{1竖向}$——混凝土结构主体结构中预制竖向构件体积之和 $V_{竖向}$——混凝土结构主体结构中竖向构件总体积 $A_{1板类}$——混凝土结构主体结构中预制或免模板浇筑的板类构件水平投影面积之和 $A_{板类}$——混凝土结构主体结构中板类构件水平投影总面积 $A_{1梁类}$——混凝土结构主体结构中预制梁类构件水平投影面积之和 $A_{梁类}$——混凝土结构主体结构中梁类构件水平投影总面积
装配式混合结构	$$Z_1=\left(0.3\times\frac{A_{1楼板、墙板}}{A_{楼板、墙板}}+0.7\times\frac{L_{1梁}+10\times L_{1柱、支撑}}{L_{梁}+10\times L_{柱、支撑}}\right)\times100\%$$ $A_{1楼板、墙板}$——混合结构主体结构中预制或免模板浇筑的楼板水平投影面积和墙板单侧竖向投影面积之和 $A_{楼板、墙板}$——混合结构主体结构中楼板水平投影面积和墙板单侧竖向投影面积之和 $L_{1梁}$——混合结构主体结构中预制或免模板浇筑的梁的长度之和 $L_{梁}$——混合结构主体结构中梁的长度之和 $L_{1柱、支撑}$——混合结构主体结构中预制或免模板浇筑的柱、支撑构件的长度之和 $L_{柱、支撑}$——混合结构主体结构中柱、支撑构件的长度之和
装配式钢结构、装配式木结构	$Z_1=100\%$ 需满足楼板采用免支撑、免模板技术,楼梯采用预制混凝土楼梯、钢楼梯或木楼梯,阳台采用预制(或叠合)混凝土阳台、钢制阳台或木制阳台

Z_2 项计算规则如下式:

$$Z_2=\frac{A_{2外围护}+A_{2内隔墙}}{A_{外围护}+A_{内隔墙}}\times100\%$$

其中:$A_{2外围护}$——装配式外围护构件的墙面面积之和;

$A_{外围护}$——非承重外围护构件的墙面面积之和;

$A_{2内隔墙}$——装配式内隔墙构件的墙面面积之和;

$A_{内隔墙}$——非承重内隔墙构件的墙面面积之和。

Z_3 项计算规则如下式:

$$Z_3=35\%q_{全装修}+(0.25\times q_{卫生间、厨房}+0.3\times q_{干式}+0.1\times q_{管线})\times100\%$$

其中:$q_{全装修}$——满足居住建筑全装修、公共建筑公共部位全装修时取 1;

$q_{卫生间、厨房}$——集成卫生间和集成厨房的应用占比;

$q_{干式}$——干式工法楼地面的应用占比;

$q_{管线}$——管线分离的应用占比;

$$q_{\text{卫生间、厨房}} = \frac{\text{集成卫生间、集成厨房的水平投影面积之和}}{\text{卫生间和厨房的水平投影总面积}};$$

$$q_{\text{干式}} = \frac{\text{干式工法楼地面水平投影面积之和}}{\text{楼地面水平投影总面积}};$$

$$q_{\text{管线}} = \frac{\text{管线分离的单元(户型)的投影面积}}{\text{对应单元(户型)的总面积}}。$$

2017 年江苏省出台了《省住房城乡建设厅 省发展改革委 省经信委 省环保厅 省质监局关于在新建建筑中加快推广应用预制内外墙板预制楼梯板预制楼板的通知》(苏建科〔2017〕43 号)文件,为加快采用装配式建筑成熟技术,积极稳妥地推动全省建筑产业现代化发展,要求在全省范围内新建建筑中推广应用"三板",单体建筑中强制应用的"三板"总比例不得低于 60%。"三板"应用比例计算方法详见表 3.4 所示。

表 3.4　"三板"应用比例计算方法

类别	计算公式	说明	
混凝土结构	$\dfrac{a+b+c}{A+B+C} + \gamma \times \dfrac{e}{E} \geqslant 60\%$	A——楼板总面积; B——楼梯总面积; C——内隔墙总面积; D——外墙板总面积; E——鼓励应用部分总面积(外墙板、阳台板、遮阳板、空调板); γ——鼓励应用部分折减系数,取 0.25	a——预制楼板总面积; b——预制楼梯板总面积; c——预制内墙隔总面积; d——预制外墙板总面积; e——鼓励应用部分预制总面积(预制外墙板、预制阳台板、预制遮阳板、预制空调板)
钢结构	$\dfrac{c+d}{C+D} \geqslant 60\%$		

3.2.2　建筑方案和结构选型

根据项目开发确定的总体方案,结合总图规划、工期进度、首开区、运输路线等,选取合适的装配式建筑单体。虽然标准化、少规格是装配式建筑开发设计的基本理念,但是依然需要结合项目的实际情况进行统筹考虑。项目无论采用什么样的建造方式,首先要满足使用功能的需求;其次要看建筑方案是否符合标准化设计的要求,是否结合装配式建造的特点和优势进行了高完成度的设计并考虑了易建性和建造效率;最后是结构选型的合理性,结构选型本质上也属于建筑方案适用和合理性的重要方面,对建筑的经济性和合理性非常重要。

目前房地产项目多为混凝土结构,其各类结构体系的特点详见表 3.5 所示,根据《装配式混凝土结构技术规程》(JGJ1—2014)、《装配式混凝土建筑技术标准》(GB/T 51231—2016)、《装配式钢结构建筑技术标准》(GB/T 51232—2016)等,合理选取产品的结构体系,对于复杂的、不易实现装配式混凝土结构的建筑,可考虑采用钢结构以实现更经济、更便捷的建造方式,其各类结构体系的特点详见表 3.6 所示。

表 3.5　装配整体式混凝土建筑结构体系的特点

结构类型	结构特点	适用建筑类型	
		经济适用高度	适用范围
剪力墙结构	无梁柱外露,结构自重大,建筑平面布置局限性大,较难获得大的建筑空间	适用于高层建筑	住宅、公寓、宿舍、酒店等
框架结构	平面布置灵活,装配效率高,是最适合进行装配化的结构形式,但其适用高度较低	适用于低层、多层建筑	厂房、仓库、停车场、商场、教学建筑、办公建筑、商业建筑
框架-剪力墙结构	弥补了框架结构侧向位移大的缺点,又不失框架结构空间布置灵活的优点	适用于高层建筑	商场、教学建筑、办公建筑、医院病房、旅馆建筑以及住宅等
框架-核心筒结构	比框架结构、剪力墙结构、框架-剪力墙结构具有更高的强度和刚度,可适用于更高的建筑	适用于高层以及超高层建筑	
框架-钢支撑结构	弥补了框架结构侧向位移大、框架-剪力墙结构存在装配与现浇交叉作业的缺点,又不失空间布置灵活、适用建筑更高的优点	适用于高层建筑	

表 3.6　钢结构建筑结构体系的特点

结构体系	结构特点	适用范围
钢框架体系	单一抗侧力体系,变形较大	多层、低烈度区的小高层建筑
钢框架-支撑体系	双重抗侧力体系;单一材料,时间成本低,经济性较好;装配化程度高	高层、超高层建筑
钢框架模块-核心筒体系	装配化程度高;对施工进度和质量管理水平要求高;目前国内较难实现	高层、超高层建筑
钢框架-剪力墙体系	双重抗侧力体系,外围钢框架承担竖向力;剪力墙可采用钢筋混凝土剪力墙,也可采用钢板剪力墙(包括组合钢板墙、防屈曲钢板墙和开缝组合钢板墙)	高层、超高层建筑

3.2.3　技术体系配置

项目应根据装配率的指标要求,选择装配构件类型。一般情况下首选装配式围护体系,其次选择装配式内装部品体系,最后选用装配式主体结构体系,可有效控制建造成本、提高建造效率。主体结构的装配方案在综合考虑建造成本确定单体建筑的预制率后再确定,南京长江都市建筑设计股份有限公司基于多年装配式建筑设计经验提出了不同预制率情况下装配式技术体系的配置方案(从 1.0 体系到 4.0 体系),其中装配整体式混凝土剪力墙结构的主体结构装配方案详见表 3.7 所示,装配整体式混凝土框架结构的主体结构装配方案详见表 3.8 所示。

表3.7　装配整体式混凝土剪力墙结构体系方案选择

主体结构体系版本	预制构件类型	预制率约
1.0	水平构件(楼板、楼梯板、阳台板、空调板)	15%
2.0	1.0体系＋外围护构件(阳台隔板、飘窗板、填充墙板)	25%
3.0	2.0体系＋内部剪力墙板	30%
4.0	1.0体系＋外围夹心混凝土保温外墙板＋内部剪力墙板	40%

表3.8　装配整体式混凝土框架结构体系方案选择

主体结构体系版本	预制构件类型	预制率约
1.0	水平构件(楼板、楼梯板、阳台板、空调板)	20%
2.0	1.0体系＋框架梁＋次梁	35%
3.0	2.0体系＋框架柱	50%
4.0	3.0体系＋外挂混凝土墙板	65%

常见部品部件及连接的策划从主体结构、外围护结构、装修与设备管线三个部分介绍,详见表3.9所示。

表3.9　常见部品部件及连接的策划选用

项目		技术体系		特点
主体结构	预制楼板	桁架钢筋叠合板	双向板	板板拼缝处不易出现裂缝,大跨度板节省钢筋
			单向板	生产、施工简便
		预应力叠合板		制作简单,节省材料,成本低;抗裂性好
		预应力混凝土空心板		跨度大;重量小;施工效率高
		预应力双T板		跨度大;刚度大;施工效率高
	预制梁	全预制梁		
		叠合梁		结构整体性强
	预制阳台	全预制阳台	全预制板式阳台	悬挑长度不大于1.5 m
			全预制梁式阳台	悬挑长度可以较大
		叠合阳台	叠合板式阳台	
			叠合梁式阳台	
	预制楼梯	板式楼梯		生产简便,安装方便快捷
		梁式楼梯		重量轻,便于吊装(适用于大跨度)
	预制剪力墙	双面叠合剪力墙		
		夹芯保温剪力墙	金属拉结件	
			FRP拉结件	
		全预制剪力墙		

项目			技术体系		特点
主体结构	竖向连接	灌浆套筒连接	全灌浆套筒		
			半灌浆套筒		
		金属波纹管浆锚连接			
		机械套筒连接	挤压套筒		
			锥螺纹套筒		
			直螺纹套筒		
		焊接连接			
		连接方式	逐根连接		连接可靠,质量检测较难
			集束连接		施工简便,质量检测方便
外围护结构	预制飘窗	外挂式飘窗			保温效果好
		内嵌式飘窗			保温、防水效果好
		多块预制板组装式飘窗			构件形式简单,生产方便
	预制外填充墙	预制外挂式填充墙			
		预制内嵌式填充墙			
	预制外墙饰面	清水混凝土			
		涂漆			
		装饰面砖反打			
	保温方式	夹芯保温			成本高、外墙保温防水效果好,后期需每隔20年重新打胶
		外保温			外保温易脱落、成本低
		内保温			用户二次装修不便、施工方便、成本低
	防水方式	防水分区	三层一分区		
			每层一分区		
		泄水口	每个防水分区不少于2处		
			每个十字缝处设置1处		
	窗框做法	预埋钢附框			外墙防水效果好,成品保护简单
		预埋塑钢、铝合金窗框料			外墙防水效果好,成品保护困难
		现场后打窗框			人工成本高、效率低、成本低

续表

项目		技术体系		特点
装修与设备管线	内隔墙	陶粒混凝土墙板		
		蒸压加气轻质混凝土墙板		
		轻钢龙骨石膏板隔墙		
		GRC 硅酸盐水泥墙板		
	楼地面	面层	自流平地面	
			地砖地面	
			木地板地面	
		做法	干式实铺	
			干式架空	
			湿式实铺	
	吊顶	类型	石膏板吊顶	
			铝板吊顶	
		做法	满铺	
			镂空	
	设备管线	管线分离		占用建筑面积,后期维修简便
		管线暗铺		施工烦琐,降低管线防火措施

3.2.4 预制构件厂选择

预制构件几何尺寸、重量、连接方式、集成度、采用水平构件还是竖向构件等技术选型,需要结合预制构件厂的实际情况来确定。

装配式混凝土建筑大量的构件由工厂生产加工,构件类型主要有叠合板、叠合梁、预制柱、预制剪力墙、预制楼梯、预制阳台等,这些构件需要在运到现场后现场组装(图 3.2),现场装配工作较多。为了减少现场施工的难度,保证项目的工期,选取一家质量可靠的构件厂就成了装配式建筑项目的重中之重。因此,前期需对项目所在地的预制构件厂进行多方位调研,资金实力、产品质量、布局位置是预制构件厂选择的关键。

1. 资金实力

构件生产单位的资金实力是必须考虑的首要因素。材料压款结算是建材行业的普遍现象,预制构件厂一旦出现资金困难,导致施工进度滞后,最终受害者必然是建设方,因此构件生产单位需要有一定的抗风险能力。

(a) 叠合板　　　　　　　　　　　　　　(b) 叠合梁

(c) 预制柱　　　　　　　　　　　　　　(d) 预制剪力墙

(e) 预制楼梯　　　　　　　　　　　　　(f) 预制阳台

图 3.2　预制构件种类

2. 产品质量

质量是生产企业的生命。预制构件生产单位应当具备相应的生产工艺设施,并具有标准化的生产管理体系、严格的质量管理标准、流程化的规范操作;有能力按照有关规定和技术标准对原材料、配套材料等进行检测,脱模起吊前、出厂前对成品构件进行质量检测,这样的构件厂生产出来的构件质量才有保障。一旦构件到场后产生质量问题,最终受害者也是建设方。

3. 布局位置

如果预制构件厂商与房地产项目所在地的距离过远将影响运输时间和运输费用,并且也会影响现场服务的响应时间。通常预制构件生产厂家的选取以项目所在地为中心画圆,半径在150 km内为宜。多种构件装车见图3.3所示。

(a) 预制剪力墙   (b) 预制楼梯   (c) 叠合板

图3.3 多种构件装车图

3.2.5 施工组织及技术路线

策划内容主要包括施工现场的预制构件临时堆放方案的可行性,用地是否具备充足的构件临时存放场地及构件在场区内的运输通道,构件运输组织方案与吊装方案协调同步,吊装能力、吊装周期及吊装作业单元的确定等。策划阶段需要关注的有构件运输方式、塔吊选型与场地布置、构件堆场与堆放等几个方面内容。

运输方面的关注点详见表3.10所示。

表3.10 运输关注点

	关注点	要求
场内运输	场内道路宽度、回转半径	转弯半径≥12 m,双车道宽度≥6 m,单车道宽度≥4 m
	场内运输道路承载问题	道路地面硬度化,浇筑200 mm厚C20混凝土或平铺20 mm厚钢板或顶板加固
	工地大门宽度满足构件大型车辆转弯进出	进入现场主大门道路设置至少8 m宽
	以循环道路为优	避免场地区内掉头,少设置断头路
场外运输	对主要道路、桥洞等限额、限高进行排查	

塔吊需关注起重机的选择、布置原则及附着形式,详见表3.11所示。

表 3.11 塔吊关注点

分项	关注点
起重机械选择	兼顾满足最重、最远预制构件及堆场之间的起重能力(计算确定)
	塔吊设备费用
	塔吊附墙现浇结构(需和结构计算确认)
	群塔防碰撞问题
	塔吊与堆场、道路布置的关系
布置原则	一般一栋楼布置一台塔吊
附着形式	通过阳台窗洞与室内剪力墙附着
	外挂板上预留空洞,附着杆通过空洞与建筑外围剪力墙附着
	预埋钢梁方式锚固

构件堆场与堆放的关注点详见表 3.12 所示。

表 3.12 构件堆场与堆放关注点

	关注点	要求
堆场布置	避免等构件的时间	现场应预留一层构件堆放所要求面积
	预制构件堆放位置	满足塔吊起吊范围,重量大的构件堆放在离塔吊近的位置
		预制构件的布置宜避开地下车库区域,当必须采用地下室顶板作为堆放场地时,应对承载力进行计算,必要时进行加固处理
		不占用施工现场消防场地
	考虑合适的堆放方式和工具	叠合板、阳台板和空调板等构件宜平放,叠放层数不宜超过 6 层;长期存放时,应采取措施控制预应力构件起拱和叠合板翘曲变形
		预制柱、梁等细长构件宜平放且用两条垫木支撑
		预制内外墙板、挂板宜采用专用支架直立存放,支架应有足够的强度和刚度,薄弱构件、构件薄弱部位和门窗洞口应采取防止变形开裂的临时加固措施
	标识标牌	不同预制构件堆场分别贴上对应类型的标识标牌
	堆场做硬化处理和排水措施,人行宽度 1 m 左右	对预制构件堆场场地路基实度不应小于 90%,面层建议采用 15 cm 厚的 C30 钢筋混凝土做硬化处理,并配置适量双向布置的钢筋
成品保护	转运次数	预制构件的转运次数不宜多于 3 次,以减少构件在运输及堆放过程中的损伤

3.2.6 造价及经济性评估

预制构件在工厂生产,其成本较传统的湿作业方式易于确定。从国内的实践经验来看,其具有比较透明的市场价格,通常是用每立方米混凝土为基本单位来标定的,在前期策划阶段可参考。在房地产开发项目的各项成本组成中,土地费用、建安费用都是重要的组成部分。装配式建筑目前的建安费用相比传统的现浇建筑成本会有所增加,因此在进行产品定位的时候须考虑装配式建筑的相关成本增量因素。

整体产品基于成本控制考虑,采用标准化户型,模数化、规模化设计,做到户型类型少、立面线条简洁等,以装配式建筑的"标准化"为中心指导进行项目定位。代表性的产品多为保障房、租赁房、限价房、长租公寓等,此类产品相对个性化产品建安成本增量较低。

整体产品基于市场导向,个性化特色住宅,户型类型较多、立面线条烦琐等,后期设计预制构件类型较多,生产安装难度系数较高。以功能性和个性化为产品主导,受部分中高端市场青睐。代表性的产品多为洋房、别墅、特色小镇等,此类产品相对标准化产品建安成本增量较高。

装配式建筑现在多与全装修匹配,全装修方案中的内装布置,与装配式构件的设计紧密相关。现阶段的设计和生产,大多将全装修的机电点位与主体构件一体化,点位不同的预制构件,即使外形尺寸及配筋相同,也不属于同一个构件。所以,在确定全装修方案的同时,选取通用化的装修方案(同一户型同一套装修方案),还是选取个性化的装修方案(同一户型若干套装修方案),对整个项目的装配式指标以及项目的成本预测也是不同的。

4 装配式建筑平面设计

装配式建筑设计必须符合国家政策、法规及地方标准的相关规定。在满足建筑使用功能和性能的前提下,还要考虑部件便于工厂生产、便于现场吊装、便于现场装配施工、便于成本控制等因素,采用模数化、标准化、集成化的设计方法,践行"少规格、多组合"的设计原则,将建筑的各种构配件、部品和构造连接技术实行标准化设计、模块化组合和系统化集成,建立合理、可靠、可行的建筑技术通用体系,实现建筑的装配化建造。本章结合具体工程案例重点介绍了装配式建筑的平面设计原则、建筑总平面设计、居住建筑平面设计以及公共建筑平面设计。

4.1 平面设计原则

装配式建筑平面设计除满足建筑使用功能需求外,还应考虑有利于装配式建筑建造的要求。建筑平面设计需要有集成设计的思想,平面设计不仅需要考虑建筑各功能空间的使用尺寸,还应考虑建筑全寿命期的空间适应性,让建筑空间适应不同时期的不同需要。装配式平面设计应满足模数化、标准化、模块化、多样化的设计原则。

1. 模数化

装配式建筑如果缺失了建筑模数,就不可能实现标准化。通过建筑模数不仅能协调预制构件与构件之间、建筑部品与部品之间以及预制构件与建筑部品之间的尺寸关系,减少、优化部件或组合件的尺寸,使设计、制造、安装等环节的配合简单、精确,基本实现土建、机电设备和装修的"集成"和大部分建筑部品部件的"工厂化制造",而且还能在预制构件内在的构成要素(如钢筋网、预理管线、点位等)之间形成合理的空间关系,避免交叉和碰撞。

模数协调的目的是实现建筑部件的通用性及互换性,使规格化、通用化的部件适用于各类常规建筑,满足各种要求。同时,大批量的规格化、定型化部件的生产可稳定质量,降低成本。通用化部件所具有的互换功能,可促进市场的竞争和部件生产水平的提高。

模数协调的方法有很多,在实际应用中,往往通过"优先尺寸"来构建建筑模数控制系统。"优先尺寸"是从基本模数、导出模数和模数数列中事先挑选出来的模数尺寸。优先尺寸越多,则涉及的灵活性越大,部件的可选择性越强,但制造成本、安装成本和更换成本也会增加;优先尺寸越少,则部件的标准化程度越高,但实际应用受到的限制越多,部件的可选择性也就越低。

模数化设计以基本构成单元或功能空间为模块,采用基本模数、扩大模数、分模数的方法,实现建筑主体结构、建筑内装修以及部品部件等相互间的尺寸协调。建筑模数作为尺度协调中的增值单位,以 100 mm 为基本模数(1 M)的数值,整个建筑物及部件的模数化尺寸,应是基本模数的倍数。导出模数分为扩大模数和分模数,扩大模数的基数为 3 M、6 M、12 M、15 M、30 M、60 M 共六个;分模数的基数为 1/10 M、1/5 M、1/2 M 共三个。部品模数是基于建筑模数的导出,在模块化设计体系中,部品作为低一层级的模块,必须具有与建筑空间匹配的通用接口和尺寸,因此就需要为部品模块建立起与建筑系统空间尺寸相协调的规格体系。经过理论探讨和设计实践,确定以"1/10×3 M=30 mm"为进级单位的部品模数体系,满足部品及产品设计对小尺寸的需求。

2. 标准化

梁思成先生 1969 年撰文指出:"要大量、高速地建造就必须利用机械施工;要机械施工就必须使建造装配化;要建造装配化就必须将构件在工厂预制;要预制就必须使构件的类型、规格尽可能少,并且要规格统一,趋向标准化。因此标准化就成了大规模、高速度建造的前提。"

装配式建筑的标准化设计遵循"少规格、多组合"的原则,将建筑基本单元、连接构造、构配件、建筑部品及设备管线等尽可能满足重复率高、规格少、组合多的要求。建筑的基本单元模块通过标准化的接口,按照功能要求进行多样化组合,建立多层级的建筑组合模块,形成可复制、可推广的建筑单体。

标准化设计方法的建立,有利于建筑技术产品的集成,实现从设计到建造,从主体到内装,从围护系统到设备管线全系统、全过程的工业化。标准化设计是实现社会化大生产的基础,专业化、协作化必须要在标准化设计的前提下才能实现。装配式建筑是以房屋建筑为最终产品,其生产、建造过程必须实行多专业的协作,并由不同的专业生产企业协作完成,而协调统一的基础就是标准化设计;同时,部品部件的生产、制作也必须标准化,才有可能达到较高的精细化程度。因此,只有建立以标准化设计为基础的工作方法,装配式建筑的工程建设才能更好地实现专业化、协作化和集约化,这是实现社会化大生产的前提。

3. 模块化

装配式建筑的设计应以基本单元或基本套型为模块进行组合设计。模块应具有"接口、功能、逻辑、状态"等属性。其中接口、功能与状态反映模块的外部属性,逻辑反映模块的内部属性。模块应是可组合分解和更换的。

居住建筑是以套型为基本单元进行设计的,套型模块应进行精细化设计,考虑系列化要求,同系列套型间应具有一定的逻辑及衍生关系,并预留统一的接口。住宅套型模块由起居室、卧室、门厅、餐厅、厨房、卫生间、阳台等功能模块组成,应在满足居住需求的前提下,提供适宜的空间尺度控制。在对套型的各功能模块进行分析研究的基础上,用较大的结构空间满足多个并联度高的功能空间的要求,通过设计集成与灵活布置功能模块的方法,建立标准模块(如起居室＋卧室的组合等)。可变模块为补充模块,平面尺寸相对自由,可根据项目需求定制,便于调整尺寸进行多样化组合(厨房＋门厅的组合等)。

公共建筑的基本单元主要是指标准的结构空间。在众多类型的公共建筑中,教育建筑、医疗建筑存在房间多、面积大、主要功能房间类型存在很大重复的情况,这为装配式建筑的模块化设计提供了可能。在不同功能空间模块设计过程中,相同属性的功能通过模块化设计,形成一个具有同等空间性质的模块。再对不同的模块进行组织,加入必需的交通模块和辅助模块,最终形成一个完整的建筑。

4. 多样化

近现代以来,随着人类社会的发展进步,在工业化、信息化和互联网等的冲击下,以地球村为特点的全球化浪潮,削弱了人类文化的多样性。在此背景下,日益活跃的全球化建筑活动,形成了"国际式""千城一面""千篇一律"等与建筑多样化相对立的建筑现象。因此,建筑创作需要更加关注地域性、历史性、民族性、人文性的元素,在全球化浪潮中保持建筑的本土性和多样化。

在装配式建筑发展中,"多样化"与"标准化"是对立统一的矛盾体,既要坚持建筑标准化,又要做到建筑多样化,的确不易。梁思成先生在《千篇一律与千变万化》一文中的论述,比较清楚地说明了标准化和多样化的辩证关系:"在艺术创作中,往往有一个重复和变化的问题,只有重复而无变化,作品就必然单调枯燥;只有变化而无重复,就容易陷于散漫零乱。"在建筑创作中,标准化就像七个音符和各种音调,多样化就像用这些音符和音调谱成的乐章,既有标准和规律,又能做到千变万化。建筑多样化包括建筑功能多样化、空间多样化、风格多样化、平面多样化、组合多样化和布局多样化等。

4.2 总平面设计

建筑总平面设计是指根据建筑群的组成内容和使用功能要求,结合用地条件和有关技术标准,综合研究建筑物、构筑物以及各项设施相互之间的平面和空间关系,正确处理建筑布置、交通运输、管线综合、绿化布置等问题,充分利用地形,使该建筑群的组成内容和各项设施组成为统一的有机整体,并与周围环境及其他建筑群体相协调而进行的设计。建筑总平面设计的具体内容是:合理地进行用地范围内的建筑物、构筑物及其他工程设施相互间的平面布置;结合地形,合理进行用地范围内的竖向布置;合理组织用地内交通运输线路布置;为协调室外管线敷设而进行的管线综合布置;绿化布置与环境保护。

装配式建筑的总平面设计在满足以上设计原则的基础上,还应充分考虑构件运输通道、吊装及预制构件临时堆场的设置。在前期规划与方案设计阶段,各专业设计应前期介入,结合预制构件的生产运输条件和工程经济性,规划好装配式建筑实施的技术路线、实施部位及规模。装配式建筑总平面设计应明确装配式建筑单体的分布情况,各建筑单体的建筑面积统计,说明总平面设计与构件运输、构件存放、构件装配化吊装施工的关系。下面以两个具体案例说明装配式建筑项目总平面设计。

例4.1 南京某装配式住宅项目用地如图4.1所示,用地规划条件如表4.1所示。建筑的退界线和建筑退道路红线依据《江苏省城市规划管理技术规定》执行。

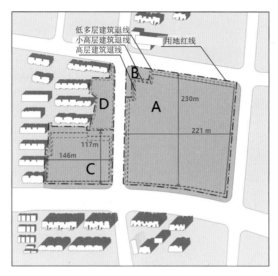

图4.1 项目用地

表4.1 项目用地规划条件

地块条件	A	C
用地面积	5.24万 m²	1.62万 m²
规划用地性质	商住混合用地	商住混合用地
建筑高度	≤100 m	≤100 m
容积率	1.01≤Far≤3.5	1.01≤Far≤3.5
建筑密度	≤35%	≤35%
绿地率	≥30%	≥30%
配套	邮政服务场所、社区综合服务设施、公共卫生间等	邮政服务场所、社区综合服务设施、公共卫生间等

本项目旨在创建完善、富有生机的居住环境,令建筑的外部空间形态与周边环境相融合,同时满足片区城市设计的要求;通过环境景观的设计,增加人与外部自然空间互动,凸显和谐共生的居住意象。同时,方案注重人性化的空间环境与开发力度的高度统一,在提高土地经济效益的同时因势利导,提高区内环境质量标准,建造符合未来发展的绿色健康小区。

项目强调居民的舒适性、娱乐性和参与性,提供运动健身、休闲观赏等丰富的人文活动及多样化的自然景观。住区是从物质和精神两个层面,从居住空间数量与居住环境质量两个角度,从有效节约使用与广泛应用科技成果两个效益,综合升华产品质量。强调以人为本,不仅关注消费者生活方式、生理行为,创造生态性物质环境,同时亦关注消费者的精神需要、心理行为,创造健康休闲的环境。在项目总平面设计上注重人的社会活动,考虑设计活动场地,满足儿童及老人不同的活动需求。这样一个布局合理、社会公共配套设施齐备、交通便捷、绿意盎然、具有神韵之美的健康舒适的高品位住宅环境,有助于增强居民的归属感和自豪感。项目总平面设计、交通流线、功能分区和消防平面布置如图4.2~图4.5所示。

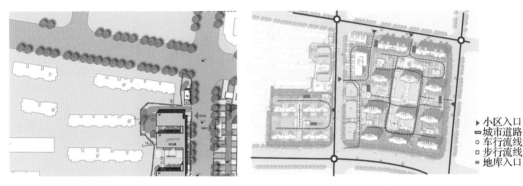

图4.2 总平面设计   图4.3 交通流线

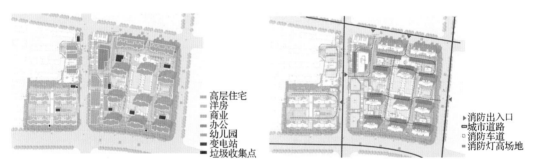

图4.4 功能分区   图4.5 消防平面布局

从住区规划设计开始,就尽量减少住宅单元户型种类(图4.6),降低建造成本,为后期单体化、标准化设计提供了必要的条件,同时降低了建造成本。

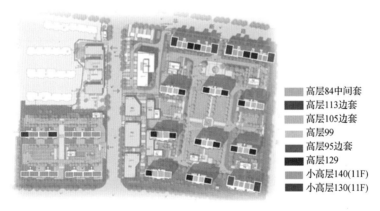

图4.6 户型分布图

例 4.2 南京某保障房项目以"构筑开放与融合的街坊邻里"为理念,项目总平面布局充分考虑人们居住和生活的需求,采用"大社区、小组团"的住宅街坊布局,整个片区呈网格状街坊式布局,各街坊内部采用"人车分流"的手法,车行出入口结合主要出入口布置,车辆尽量不进入街坊内部,街坊内部主要是步行系统,步行系统设有明显标识,通常利用地面材质的变化加以提示。

街坊的规模建立在步行系统的小规模尺度上,一般是由 4~8 栋住宅围合而成的院落,有助于社区形象的建立。通过交通组织,街坊内部没有穿越式交通,形成相当独立和安全的人行区域。小规模的街坊布局可以更好地识别组团的界面而有令人满意的视觉认同,能更好地共同分享开放绿地和学校等设施,提高环境质量;有助于提高居民的社区认同感,鼓励有意义的社会交往;在物质环境方面,可以使居民享有更便利的配套服务,街坊式沿街商业以餐饮点、零售摊点、超市为主,满足居民生活的最基本需要。

公共服务配套设施规划设计以居民实际生活需求为中心,对片区公共设施配套进行系统规划,形成多级公共服务设施体系,为社区的结构优化和功能完善奠定了基础。

项目鸟瞰效果图、功能组团、街区划分和社区分级配套设施如图 4.7~图 4.10 所示。

图 4.7 项目鸟瞰图

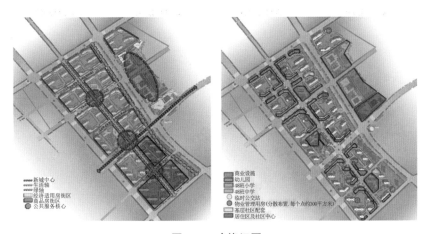

图 4.8 功能组团

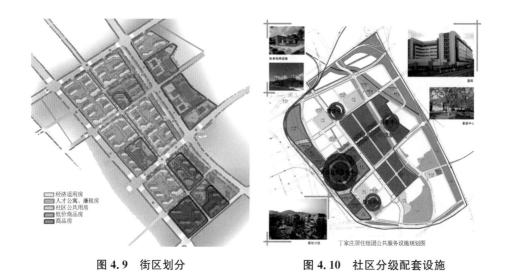

<table>
<tr><td>经济适用房</td></tr>
<tr><td>人才公寓、廉租房</td></tr>
<tr><td>社区公共用房</td></tr>
<tr><td>低价商品房</td></tr>
<tr><td>商品房</td></tr>
</table>

丁家庄居住组团公共服务设施规划图

图 4.9　街区划分　　　　　　　　图 4.10　社区分级配套设施

4.3　居住建筑平面设计

居住建筑的平面设计应以住宅平面与空间的标准化为基础,采用模块化的设计方法,将楼栋单元、户型和部品模块等作为基本模块,确立各层级模块的标准化、系列化的尺寸体系(图 4.11)。

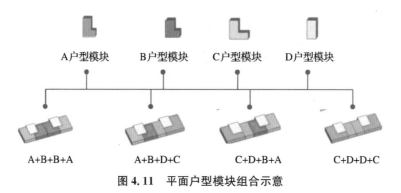

A户型模块　　　B户型模块　　　C户型模块　　　D户型模块

A+B+B+A　　　A+B+D+C　　　C+D+B+A　　　C+D+D+C

图 4.11　平面户型模块组合示意

4.3.1　居住建筑模块类型

在居住建筑的模块化设计中,模块系统涵盖楼栋单元、套型、厨房、卫生间、交通体等。套型模块是住宅设计的基本标准模块,由起居室、卧室、餐厅、厨房、卫生间、阳台等功能子模块组成。交通体模块主要由楼梯间、电梯井、前室、公共廊道、候梯厅、设备管道井、加压送风井等各功能子模块组成。各模块宜满足下列要求:模块具有结构独立性、结构体系同一性与可组性;模块可互换;模块的设备系统是相对独立的。下面重点介绍居室模块、卫生间模块、厨房模块及交通体模块的常用尺寸与相关参考图例。

1. 居室模块

住宅居室的模块化设计是将居室功能空间分解为不同层级的通用模块。居室功能模块包括门厅、起居室、餐厅、卧室,以及作为居室扩展空间的生活阳台等。通过建立各层级模块的标准尺寸,组合成不同的居室布置模式,适应各类使用者的生活需求。

门厅平面优先净尺寸详见表 4.2 所示,起居室(厅)平面优先净尺寸详见表 4.3 所示,餐厅平面优先净尺寸详见表 4.4 所示,卧室平面优先净尺寸详见表 4.5 所示,阳台平面优先净尺寸详见表 4.6 所示,独立式收纳空间平面优先净尺寸详见表 4.7 所示,入墙式收纳空间平面优先净尺寸详见表 4.8 所示。

表 4.2   门厅平面优先净尺寸   单位:mm

项目	优先净尺寸
宽度	1 200 1 600 1 800 2 100
深度	1 800 2 100 2 400
注:表格来源于《工业化住宅尺寸协调标准》JGJ/T 445—2018	

表 4.3   起居室(厅)平面优先净尺寸   单位:mm

项目	优先净尺寸
开间	2 700 2 800 3 000 3 200 3 400 3 600 3 800 3 900 4 200 4 500 4 800
进深	3 000 3 300 3 600 3 900 4 200 4 500 4 800 5 100 5 400 5 700
注:表格来源于《工业化住宅尺寸协调标准》JGJ/T 445—2018	

表 4.4   餐厅平面优先净尺寸   单位:mm

项目	优先净尺寸
开间	2 100 2 400 2 600 2 700 3 000 3 300
进深	2 700 3 000 3 300 3 600
注:表格来源于《工业化住宅尺寸协调标准》JGJ/T 445—2018	

表 4.5   卧室平面优先净尺寸   单位:mm

项目	优先净尺寸
开间	2 400 2 600 2 700 2 800 3 000 3 200 3 300 3 600 3 800 3 900 4 200
进深	2 700 3 000 3 300 3 600 3 900 4 200 4 500 4 800 5 100
注:表格来源于《工业化住宅尺寸协调标准》JGJ/T 445—2018	

表 4.6   阳台平面优先净尺寸   单位:mm

项目	优先净尺寸
宽度	阳台宽度优先尺寸宜与主体结构开间尺寸一致
深度	1 000 1 200 1 400 1 600 1 800
注:表格来源于《工业化住宅尺寸协调标准》JGJ/T 445—2018	

表 4.7 独立式收纳空间平面优先净尺寸   单位:mm×mm

平面布置	宽度×长度
L 形布置	1 200×2 400 1 200×2 700 1 500×1 500 1 500×2 700
U 形布置	1 800×2 400 1 800×2 700 2 100×2 400 2 100×2 700 2 400×2 700
注:表格来源于《工业化住宅尺寸协调标准》JGJ/T 445—2018	

表 4.8 入墙式收纳空间平面优先净尺寸   单位:mm

项目	优先净尺寸
深度	350 400 450 600 900
长度	900 1 050 1 200 1 350 1 500 1 800 2 100 2 400
注:表格来源于《工业化住宅尺寸协调标准》JGJ/T 445—2018	

设计时应将各功能模块形成系列化的尺寸体系,应满足两种以上的家具布置形式,同时居室的尺寸设计应与结构构件尺寸相统一。以保障房为例,其标准化户型详见表 4.9 所示。

表 4.9 保障房适用标准化户型参考图例   单位:mm

类型	中户型		
	5 700	6 000	
6 000		6 000 / 6 000 / 5 800 / 5 800，K3、T4	6 000 / 6 000 / 5 800 / 5 800，K3、T6
6 300	5 700 / 6 300 / 6 100 / 5 500，T7、K4	6 000 / 6 300 / 6 100 / 5 800，T7、K4	
6 900		6 000 / 6 900 / 6 700 / 5 800，T6、K3	

类型	大户型		
	6 000		
7 200	6 000 / 7 200 / 7 000 / 5 800，T4、K3		
7 500	6000 / 7500 / 7300 / 5800，T4、K3	6 000 / 7 500 / 7 300 / 5 800，T4、K3	
7 800	6 000 / 7 800 / 7 600 / 5 800，T4、K3	6 000 / 7 800 / 7 600 / 5 800，T3、K3	

注:表格来源于《公共租赁住房居室工业化建造体系理论与实践》,李桦、宋兵著

2. 卫生间模块

住宅卫生间功能模块包括如厕、洗浴、盥洗、洗衣、出入、管道竖井等,设计时应根据套型定位及一般使用频率和生活习惯进行合理布局,遵循模数协调的标准,形成标准化的卫生间模块,满足功能要求并实现工厂化生产及现场的干法施工,优先选用同层排水的整体式卫生间。卫生间主要功能模块及概念图如表 4.10 所示。

表 4.10　卫生间主要功能模块及概念图形

主要功能模块	图例			说明
如厕				此模块中配置坐便器、手纸盒
洗浴				此模块中配置浴缸、淋浴房、花洒/龙头、浴帘/隔断、浴液支架、浴巾支架、地漏
盥洗				此模块中配置柱式洗面盆、台式洗面盆、混水龙头、镜面（箱）、置物架、储物柜、毛巾杆
洗衣				此模块中配置给水龙头、排水地漏、储物柜（架）
出入				根据居室卫生间需要选择相对应模块
管道竖井				此模块中包括管井、风井、检查口

注：表格来源于《公共租赁住房居室工业化建造体系理论与实践》，李桦、宋兵著

　　模块化分解的最终目的是模块的重组，以保障房为例，卫生间中的如厕、洗浴、盥洗、洗衣、出入、管道竖井各模块具有多种组合方式（表 4.11、表 4.12），它们决定了保障房卫生间的基本空间格局。集成式卫生间平面优先净尺寸详见表 4.13 所示。

表 4.11 保障房卫生间主要模块的组织模式

说明	组合模式	参考图例
"一"字形模式： 主要模块成"一"字形排列布局。适用于相对进深较小的空间，包括： 1. 三件套； 2. 三件套＋洗衣模块		
"L"形模式： 主要模块成"L"形布局。适用于相对进深较大、面宽较小的空间，包括： 1. 三件套； 2. 三件套＋洗衣模块		
"H"形模式： 主要模块对称排列于卫生间两侧；适用于面积较小的空间		
"2+1"模式： 如厕和洗浴模块布置于封闭的卫生间，盥洗模块布置于卫生间外，往往与公共空间连通		
"3+1"模式： 如厕、洗浴、洗衣模块布置于卫生间，盥洗模块布置于卫生间外，往往与公共空间连通		
"U"形模式： 主要功能模块成围合布局；适用于面宽较小的空间		
不典型模式： 卫生间形状不成标准矩形，如：当卫生间在入口处时，周边没有收纳空间条件，需要借用部分卫生间		

表 4.12　保障房卫生间单体功能模块尺寸标准　　　　　　　　　　　单位:mm

如厕模块					
900×1200	840×1200	810×1200（510）	750×1200（300）	720（450/300）	690（300/300）
坐便器两侧均为墙体,入口位于前端,功能区域独立	坐便器一侧为墙体,一侧为隔断(门),适用分区明确的卫生间	坐便器一侧为墙体,另一侧有进深在510 mm以下的填充物	坐便器一侧为墙体,另一侧有进深300 mm以下填充物	坐便器两侧填充物体进深均在450 mm以下	坐便器两侧填充物进深较小
洗浴模块					
690×900	750×900	810×810	810×900		
勉强满足功能尺寸要求,不推荐保障房选用	基本满足功能尺寸要求,适合保障房选用	满足功能尺寸要求,适合保障房选用	满足功能尺寸要求,适合保障房选用		
盥洗模块(柱式洗盆)					
450×450（1200）	480×450（1200）	510×450（1200）	540×450（1200）	570×450（1200）	600×450（1200）
规格:450×450	规格:480×450	规格:510×450	规格:540×450	规格:570×450	规格:600×450
盥洗模块(台式洗盆)					
600（300）	690（300）	720（300）	750（300）	900（510）	1200（510）
1. 一体台面 2. 浴室柜	1. 一体台面 2. 浴室柜	1. 一体台面 2. 浴室柜	1. 一体台面 2. 浴室柜	1. 一体台面 2. 浴室柜	1. 一体台面 2. 浴室柜
洗衣模块					
450×450	480×480	510×510	540×540		
市面最小型的洗衣机设备,但尺寸较局促,地漏安装难度大	市面较小型的洗衣机设备,适合保障房选用	市面常规洗衣机设备,适合保障房选用	市面常规洗衣机设备,适合保障房选用		

续表

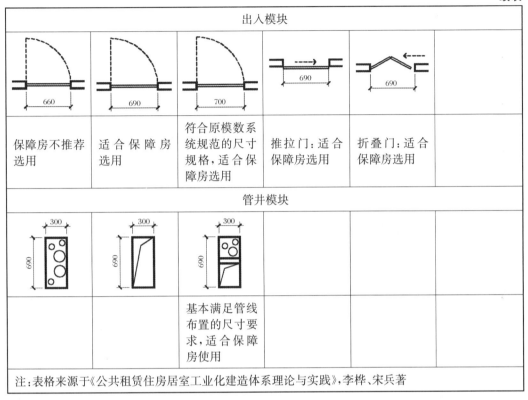

出入模块					
保障房不推荐选用	适合保障房选用	符合原模数系统规范的尺寸规格,适合保障房选用	推拉门:适合保障房选用	折叠门:适合保障房选用	
管井模块					
基本满足管线布置的尺寸要求,适合保障房使用					
注:表格来源于《公共租赁住房居室工业化建造体系理论与实践》,李桦、宋兵著					

表 4.13　集成式卫生间平面优先净尺寸　　　　　　单位:mm×mm

平面布置	宽度×长度			
便溺	1 000×1 200	1 200×1 400(1 400×1 700)		
洗浴(淋浴)	900×1 200	1 000×1 400(1 200×1 600)		
洗浴(淋浴+盆浴)	1 300×1 700	1 400×1 800(1 600×2 000)		
便溺、盥洗	1 200×1 500	1 400×1 600(1 600×1 800)		
便溺、洗浴(淋浴)	1 400×1 600	1 600×1 800(1 600×2 000)		
便溺、盥洗、洗浴(淋浴)	1 400×2 000	1 500×2 400	1 600×2 200	1 800×2 000(2 000×2 200)
便溺、盥洗、洗浴、洗衣	1 600×2 600	1 800×2 800	2 100×2 100	
注:① 括号内数值适用于无障碍卫生间;② 集成式卫生间内空间尺寸允许偏差为±5 mm 　　表格来源于《工业化住宅尺寸协调标准》JGJ/T 445—2018				

　　在模块组合中应考虑以下因素:排列顺序应符合一般使用频率和生活习惯;各模块与管道竖井模块的位置应考虑管线安装的方便;模块组织应充分考虑空间的复合利用;尽量避免坐便器正对卫生间入口等违背常规习惯的布局方式。

　　3.厨房模块

　　住宅厨房功能空间主要包括橱柜、冰箱、管井、出入四个基本功能模块,其中核心的部品是橱柜,一般分为上柜和下柜,可以继续分解为烹饪、操作和洗涤三个部品子模块,厨房的收纳功能由上下橱柜共同承担。以保障房为例,设计时应根据套型定位合理布置,优选适宜的尺寸数列进行以室内完成面控制的模数协调设计,满足功能要求并实现工厂化生产及现场的干法施工。装配式住宅设计应优选整体式厨房。厨房各主要功能模块标准尺寸系列详见表 4.14 所示。

表 4.14　厨房各主要功能模块标准尺寸系列　　　　　　　　　单位:mm

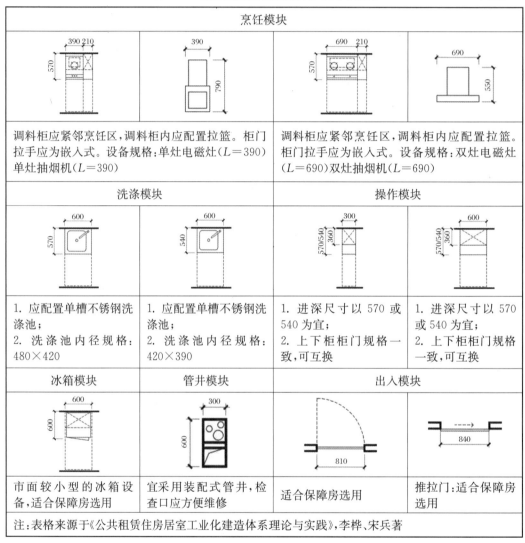

烹饪模块			
调料柜应紧邻烹饪区,调料柜内应配置拉篮。柜门拉手应为嵌入式。设备规格:单灶电磁灶(L=390)单灶抽烟机(L=390)		调料柜应紧邻烹饪区,调料柜内应配置拉篮。柜门拉手应为嵌入式。设备规格:双灶电磁灶(L=690)双灶抽烟机(L=690)	
洗涤模块		操作模块	
1. 应配置单槽不锈钢洗涤池; 2. 洗涤池内径规格:480×420	1. 应配置单槽不锈钢洗涤池; 2. 洗涤池内径规格:420×390	1. 进深尺寸以 570 或 540 为宜; 2. 上下柜柜门规格一致,可互换	1. 进深尺寸以 570 或 540 为宜; 2. 上下柜柜门规格一致,可互换
冰箱模块	管井模块	出入模块	
市面较小型的冰箱设备,适合保障房选用	宜采用装配式管井,检查口应方便维修	适合保障房选用	推拉门:适合保障房选用
注:表格来源于《公共租赁住房居室工业化建造体系理论与实践》,李桦、宋兵著			

厨房主要有两种空间布局形式,一种是封闭式厨房(K 形),另一种是开敞式厨房(餐厅＋厨房复合的 DK 形和起居＋餐厅＋厨房复合的 LDK 形)。厨房空间的模块组合基本为四种类型:一字形、L 形、H 形和 U 形。

厨房集成橱柜有多种组合模式。在保障房厨房中,由于特定的空间条件限制,一般橱柜会采用一字形和 L 形两种基本布局方式。橱柜各子模块的组合过程中,应考虑几个方面的因素:① 排列顺序应符合一般使用习惯;② 管井模块与其他功能模块位置应考虑管线安装的方便;③ 厨房收纳设计应符合使用要求和最大化利用橱柜空间。

厨房橱柜标准规格详见表 4.15 所示。保障房厨房标准化组合模式详见表 4.16 所示。集成式厨房平面优先净尺寸详见表 4.17 所示。

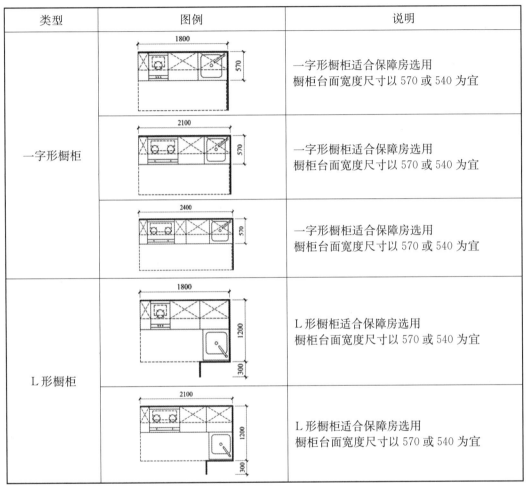

表 4.15 厨房橱柜标准规格 单位:mm

类型	图例	说明
一字形橱柜	1800 / 570	一字形橱柜适合保障房选用 橱柜台面宽度尺寸以 570 或 540 为宜
	2100 / 570	一字形橱柜适合保障房选用 橱柜台面宽度尺寸以 570 或 540 为宜
	2400 / 570	一字形橱柜适合保障房选用 橱柜台面宽度尺寸以 570 或 540 为宜
L 形橱柜	1800 / 1200 / 300	L 形橱柜适合保障房选用 橱柜台面宽度尺寸以 570 或 540 为宜
	2100 / 1200 / 300	L 形橱柜适合保障房选用 橱柜台面宽度尺寸以 570 或 540 为宜

表 4.16 保障房厨房标准化组合模式参考图例 单位:mm

类别	序号	模块尺寸系列	基本模式		扩展模式	
单面布置厨房	1	600×1 500	1 500 / 600	1 500 / 1 500		
			1 500 / 600 风道 管道井		1 500 / 1 500 风道 管道井	
		特性	壁柜型	LDK 形	L 形	LDK 形

类别	序号	模块尺寸系列	基本模式		扩展模式	
单面布置厨房	2	600×1 800				
			特性	壁柜型	LDK 形	L 形	LDK 形
	3	600×2 100				
			特性	壁柜型	LDK 形	L 形	LDK 形
	4	600×2 400				
			特性	一字形	K 形	L 形	K 形
双面布置厨房	5	600×2 700				
			特性	一字形	K 形	L 形	K 形

类别	序号	模块尺寸系列	基本模式		扩展模式	
双面布置厨房	6	600×3 000				
		特性	一字形	K形	L形	K形
	7	1 500×2 100				
		特性	U形	LDK形		
	8	1 500×2 400				
		特性	U形	K形	U形	K形
	9	1 500×2 700				
		特性	U形	K形		

续表

类别	序号	模块尺寸系列	基本模式	扩展模式
双面布置厨房	10	1 500×3 000		
			特性 U 形 K 形	

注:表格来源于《保障性住房厨房标准化设计和部品体系集成》,文林峰主编

表 4.17　集成式厨房平面优先净尺寸　　　　　　　　单位:mm×mm

平面布置	宽度×长度
单排形布置	1 500×2 700　1 500×3 000(2 100×2 700)
双排形布置	1 800×2 400　2 100×2 400　2 100×2 700　2 100×3 000(2 400×2 700)
L 形布置	1 500×2 700　1 800×2 700　1 800×3 000(2 100×2 700)
U 形布置	1 800×3 000　2 100×2 700　2 100×3 000(2 400×2 700)(2 400×3 000)

注:括号内数值适用于无障碍厨房;
　　表格来源于《工业化住宅尺寸协调标准》JGJ/T 445—2018

4. 交通体模块

交通体模块主要由楼梯间、电梯井、前室、公共廊道、候梯厅、设备管井、加压送风井等功能子模块组成,设计时应合理确定各子模块的空间尺寸以及相互间的合理布局,做到空间集约、组合规整,并与结构空间相适应,减少建筑成本。

在住宅设计中,楼梯间模块的开间及进深的轴线尺寸应采用扩大模数 2 M、3 M 的整数倍数,梯段宽度应采用基本模数的整数倍数。建筑层高为 2 800 mm、2 900 mm、3 000 mm 时,双跑楼梯、单跑剪刀楼梯和单跑楼梯间开间、进深及楼梯梯段宽度优先尺寸详见表 4.18～表 4.20 所示。

表 4.18　双跑楼梯间开间、进深及楼梯梯段宽度优先尺寸　　　　单位:mm

层高	平面尺寸					
	开间轴线尺寸	开间净尺寸	进深轴线尺寸	进深净尺寸	梯段宽度尺寸	每跑梯段踏步数
2 800	2 700	2 500	4 500	4 300	1 200	8
2 900	2 700	2 500	4 800	4 600	1 200	9
3 000	2 700	2 500	4 800	4 600	1 200	9

注:表格来源于《工业化住宅尺寸协调标准》JGJ/T 445—2018

表 4.19　单跑剪刀楼梯间开间、进深及楼梯梯段宽度优先尺寸　　　单位:mm

层高	平面尺寸						
	开间轴线尺寸	开间净尺寸	进深轴线尺寸	进深净尺寸	梯段宽度尺寸	两梯段水平净距离	每跑梯段踏步数
2 800	2 800	2 600	6 800	6 600	1 200	200	16
2 900	2 800	2 600	7 000	6 800	1 200	200	17
3 000	2 800	2 600	7 400	7 200	1 200	200	18

注:表中尺寸确定均考虑了住宅楼梯梯段一边设置靠墙扶手
　　表格来源于《工业化住宅尺寸协调标准》JGJ/T 445—2018

表 4.20　单跑楼梯间开间、进深、楼梯梯段、楼梯水平段优先尺寸　　　单位:mm

层高	平面尺寸						
	开间轴线尺寸	开间净尺寸	进深轴线尺寸	进深净尺寸	梯段宽度尺寸	水平段宽度尺寸	每跑梯段踏步数
2 800	2 700	2 500	6 600	6 400	1 200	1 200	16
2 900	2 700	2 500	6 900	6 700	1 200	1 200	17
3 000	2 700	2 500	7 200	7 000	1 200	1 200	18

注:表中尺寸确定均考虑了住宅楼梯梯段一边设置栏杆扶手
　　表格来源于《工业化住宅尺寸协调标准》JGJ/T 445—2018

住宅电梯井道模块通常采用 800 kg、1 000 kg、1 050 kg 三类电梯,开间及进深的轴线尺寸应采用扩大模数 2 M、3 M 的整数倍数。电梯井道开间、进深优先尺寸详见表 4.21 所示。

表 4.21　电梯井道开间、进深优先尺寸　　　单位:mm

载重/kg	平面尺寸			
	开间轴线尺寸	开间净尺寸	进深轴线尺寸	进深净尺寸
800	2 100	1 900	2 400	2 200
1 000	2 400	2 200	2 400	2 200
1 000	2 200	2 000	2 800	2 600
1 050	2 400	2 200	2 400	2 200

注:住宅用担架电梯可采用 1 000 kg 深型电梯,轿厢净尺寸为 1 100 mm 宽、2 100 mm 深;也可采用
　　1 050 kg 电梯,轿厢净尺寸为 1 600 mm 宽、1 500 mm 深或 1 500 mm 宽、1 600 mm 深
　　表格来源于《工业化住宅尺寸协调标准》JGJ/T 445—2018

走道宽度净尺寸不应小于 1 200 mm,优先尺寸宜为 1 200 mm、1 300 mm、1 400 mm、1 500 mm。候梯厅深度净尺寸不应小于 1 500 mm,优先尺寸宜为 1 500 mm、1 600 mm、1 700 mm、1 800 mm、2 400 mm(三合一前室电梯厅)。公共管井的净尺寸应根据设备管线布置需求确定,并满足基本模数的整数倍数。

4.3.2 居住建筑模块组合

居住建筑套型模块由起居室、卧室、门厅、餐厅、厨房、卫生间、阳台等功能模块组成。套型模块的设计,包括标准模块和可变模块两个部分。在对套型的各功能模块进行分析研究的基础上,用较大的结构空间满足多个并联度高的功能空间的要求,通过设计集成与灵活布置功能模块的方法,建立标准模块(如起居室+卧室的组合等)。可变模块为补充模块,平面尺寸相对自由,可根据项目需求定制,便于调整尺寸、进行多样化组合(如厨房+门厅的组合等)。

设计时应在满足居住需求的前提下,对各子模块进行适宜的部品布置和空间尺度控制,达到功能完善高效、边界完整通用的要求,具有较好的模块组合条件。通过灵活布置与集约组合的方法,在较大的结构单元空间内,将关联子模块组合成功能完整的套型标准模块。

下面以几个典型案例介绍居住建筑平面模块组合设计方法。

例 4.3 该项目包括一个标准户型模块、一个标准厨房模块、一个标准卫生间模块、一个核心筒模块,标准层平面由标准模块和核心筒模块组成。通过对套型的过厅、餐厅、卧室、厨房、卫生间等多个功能空间进行分析研究,将单个功能空间或多个功能空间进行组合设计,用较大的结构空间来满足多个并联度高的功能空间要求,通过将不同功能空间设计集成在一个套型中,来满足全生命周期灵活使用的多种可能。对差异性的需求通过不同的空间功能结合室内装修来满足,从而实现标准化设计和个性化需求在小户型成本和效率兼顾前提下的适度统一(图 4.12、图 4.13)。

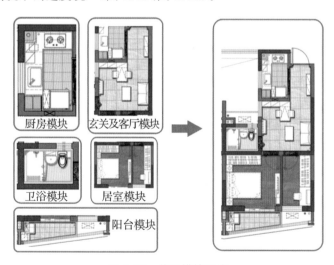

图 4.12 单元模块组成

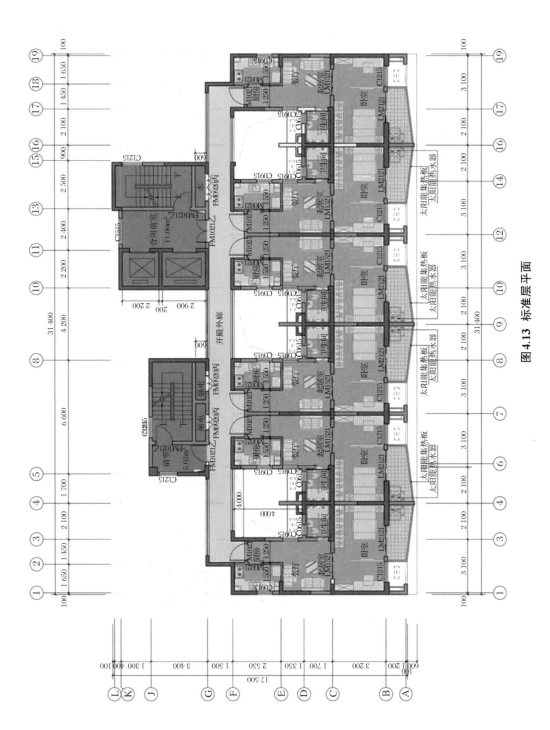

图4.13 标准层平面

在标准户型模块设计中考虑可持续发展的要求,进行标准模块、内装可变设计(图4.14)。户型设计充分考虑建筑全生命周期的可持续发展,设计预留三种未来功能方向的发展(小户型住宅、适老型住宅、创业型办公)。其中小户型考虑单元演变为三口之家,双拼形成三代同堂。适老型可以分为伴侣型、自理型和护理型。所有功能转变均无须改动原结构承重体系。

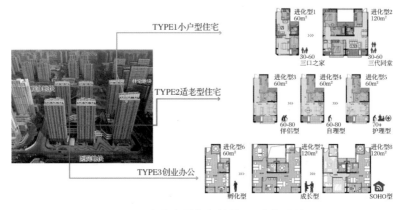

图 4.14 全生命周期可持续、可变化设计

(1)小户型设计

随着家庭的发展,从单身到二人世界再到三口之家,户内在不破坏主体的前提下,可以由一室一厅演变出两室一厅,为刚需型小户型。考虑家庭人口的增加所带来的改善型住宅的需求,项目可进行两户对拼,在不破坏主体的前提下,形成较大面积的改善型户型(图4.15)。

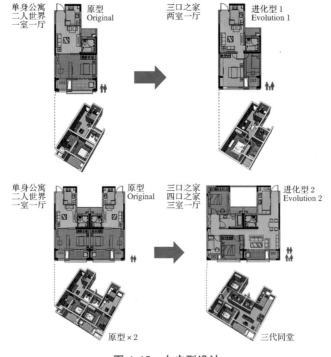

图 4.15 小户型设计

（2）适老型设计

考虑到不同年龄阶段的老人需要的空间也不同，研发出伴侣型、自理型和护理型三种满足不同需求的适老户型（图 4.16）。

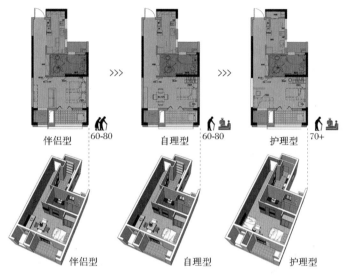

图 4.16　适老型设计

（3）办公设计

按照时代发展的需求，各栋可分类转换，形成多元多样化的功能组合。在不破坏主体结构的前提下，空间可演变为不同的办公空间，适应"大众创业、万众创新"浪潮下的小微创业办公空间需求，富有功能转换弹性（图 4.17）。

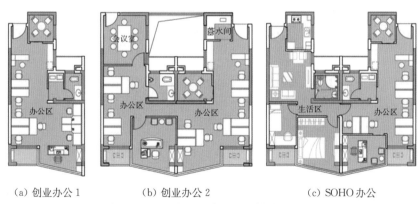

（a）创业办公 1　　　　（b）创业办公 2　　　　（c）SOHO 办公
图 4.17　创业型办公平面转换设计

例 4.4　某项目交通体采用模块化设计，各子模块依据功能使用要求，采用模数化尺寸进行合理组合，特别是设备管井模块进行了精细化布置，取得最优的经济性空间尺度，最后形成集约高效的交通体模块。整个住宅区均采用同一种交通体模块，以其一种尺寸和形式作为通用协同边界与各类套型模块拼接，组合成多样的楼层标准模块，降低了建造成本，体现出标准化的优势（图 4.18～图 4.20）。

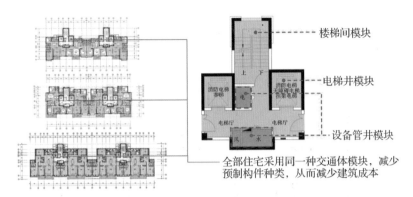

图 4.18　交通体模块设计

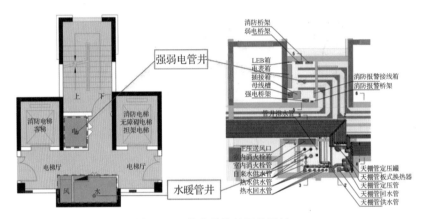

图 4.19　管井模块精细化设计

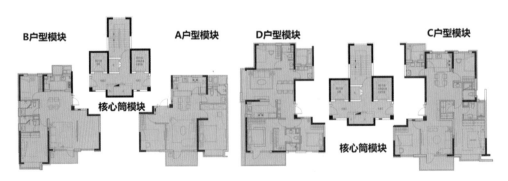

图 4.20　楼层平面组合设计

例 4.5　某人才公寓项目对标准层平面进行模块化设计,整个建筑平面拆分为 A、B、C 三个模块,一个模块构件即为一个房间,规格型号少,方便构件制作。其中 A 模块为 50 m² 户型的单室套,B 模块为 70 m² 户型的两室套,C 模块为公共空间(图 4.21~图 4.23)。

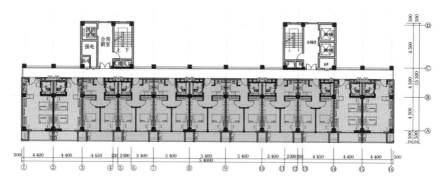

图 4.21　标准层平面

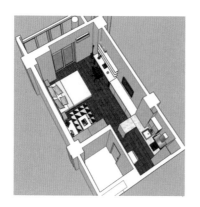

图 4.22　50 m² 户型

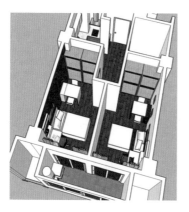
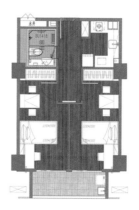

图 4.23　70 m² 户型

4.4　公共建筑平面设计

　　公共建筑存在类型多样、功能复杂、外形丰富等特点,在应用装配式技术时较住宅难度大。在功能复杂的房间类型中确定适宜的"可复制模块"的尺寸及适用位置是推广装配式技术在公共建筑中应用的前提。

在大量的公共建筑中,适宜采用装配式结构的公共建筑类型大致可分为四类:办公建筑、教育建筑、医疗建筑、停车楼。这四类公共建筑的共同特点是:特定功能空间的面积占比超过总建筑面积的 50%,如表 4.22 所示。

表 4.22 公共建筑特定功能空间面积占比表

	办公建筑	教育建筑	医疗建筑	停车楼
特定功能空间面积占比	50%~75%	60%~80%	60%~70%	70%~90%
特定功能空间房间类型	标准办公室	标准教室	标准诊室	标准停车单元
	标准会议室	标准宿舍	标准病房	标准楼梯间
	标准走道	标准活动单元	标准走道	
	标准楼梯间	教辅空间	标准楼梯间	
		标准楼梯间		

上述四类建筑中,标准化程度较高(空间面积占比>60%)的建筑类型为教育建筑、医疗建筑、停车楼,其中,停车楼由于其特定功能空间的房间类型较少,且功能较为单一,故本书将其略过,而以教育建筑、医疗建筑为例,阐述公共建筑的装配式平面设计。

教育建筑具有房间多、面积大,大房间类型相似,建筑组织可简可繁;同时,教育建筑中,虽然人流量大,但学生活动时间较为集中,规律性强,有利于组织水平及垂直交通,空间组合多数基本为走廊式,容易掌握组合规律,这几大特征,为装配式设计提供了前提条件。

教育建筑的主要功能用房包括:教学用房、教学辅助用房、行政办公用房和生活服务用房等。其中,教学用房中的普通教室,是教育建筑中数量多、功能要求高的主要使用房间,学生约有 80%的时间是在教室中度过,因此,选取教育建筑中的教室进行模块化的设计与分析,并通过一定的模块组合方式进行组合设计,有助于理解与掌握教育建筑的标准化设计、模块化施工以及装配化建造。

医疗建筑是功能流线较为复杂的建筑类型之一。随着医疗技术的发展和医学模式的不断完善,现代医院的功能结构和组成要素处于动态发展的过程中,需要设计师对现代医院的设计理念、功能布局、空间环境、细部处理等进行长期的学习和研究。如果能像住宅户型组合一样,对医疗建筑中大量重复出现的房间类型进行标准模块的示例,既可以为设计师提供参考案例,也可以减少前期繁杂又费时的调研、论证过程。

医疗建筑主要由医疗用房(含门诊、医技、住院)、医疗后勤用房、行政办公用房和生活服务用房组成。各类功能用房中能够直接套用的重复模块较少,但门诊用房的诊室、住院用房的病房存在标准化程度高、整体性强、模块化特征鲜明的特点,这两类房间可作为装配式建筑的基本模块,通过一定的组合方式形成模块化的标准单元,大量复制、推广和应用。

4.4.1 公共建筑模块类型

公共建筑的模块具有功能独立的特性。对整个公共建筑模块系统来说，每种功能都可由相应的模块来实现。按照功能属性可以将公共建筑系统中的模块分为四种不同的类别，即基本模块、辅助模块、特殊模块、适应模块，如图 4.24 所示。

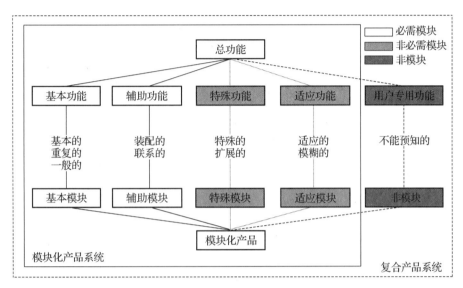

图 4.24 模块化系统中功能和模块类型

基本模块是模块化系统中最基本的、大量重复的、不可缺少的部分，在系统中基本不变。例如教育建筑中的教室模块，医疗建筑中的病房模块、诊室模块等。

辅助模块主要是为指实现基本模块的安装和连接所需的功能模块，例如教育建筑中连接各基本模块的走道，医疗建筑中连接门诊部、医技部、住院部的医院主街等。

特殊模块是指系统中某种或多种特殊的、使系统更完善或者有所扩展的功能模块。例如医疗建筑中的门诊大厅等具有特殊功能的体块就属于特殊模块。

适应模块是指为了和其他系统或边界条件相适应所需要的，可临时改变的功能模块，它的尺寸基本确定，只是由于一些未知的条件，某些尺寸需根据当时情况予以改变，以满足预定要求。

上述各类模块中，基本模块与辅助模块是构成系统所必需的，可称为必需模块；特殊模块是在特殊情况下需要的；适应模块的存在随不同系统而异，后两类模块属于非必需模块。

公共建筑由于其功能复杂，专业性强，除大量重复出现的基本模块（教室、诊室、病房）外，其他类型的模块受规模大小、建筑高度、规范要求、立面造型设计等的影响，不具备统一尺寸的条件，因此，本书以教育建筑和医疗建筑为例，介绍这两类公共建筑基本模块的平面优先尺寸及图例，为公共建筑的装配式设计提供系列化的尺寸依据和参考案例。

1. 教育建筑

普通教室是教育建筑基本模块的基本单元,教室模块的平面形状及尺寸在满足设计原则的基础上,按实际需要、结构布置和建筑组合形式确立。

教室的平面形状有矩形、方形、五边形、六边形及其变形平面等多种类型,但目前我国采用的平面形式多为矩形和方形。下面就以量大面广的矩形、方形平面为例,列举教育建筑教室的平面优先尺寸,详见表4.23所示,图例详见表4.24所示。

表4.23 普通教室平面优先尺寸

类别	容量 /(人·班$^{-1}$)	序号	教室轴线尺寸 (进深×开间)/mm×mm	使用面积 /m²	人均使用面积 /m²
小学	45	1	7 500×8 700	65.25	1.45
		2	7 800×8 400	65.52	1.46
		3	8 100×8 100	65.61	1.46
中学	50	1	7 800×9 600	74.88	1.50
		2	8 100×9 300	75.33	1.51
		3	8 400×9 600	80.64	1.61

注:(1) 本表格尺寸参考《建筑设计资料集:第4分册 教科·文化·宗教·博览·观演》(第三版),在实际工程案例中,由于教室开间方向或进深方向侧会设置储物柜等人性化设施,故实际尺寸比列表尺寸大;
(2) 本表轴线尺寸按200 mm墙厚的中心计算;
(3) 实际工程案例中教室外门因不占用走道疏散空间向内凹进,则实际使用面积还需减去内凹部分面积

表4.24 标准化教学模块参考尺寸及图例

类别	容量 /(人·班$^{-1}$)	模块尺寸系列	使用面积 /m²	图例
小学	45	8 100 mm(进深)× 9 000 mm(开间)	69.52	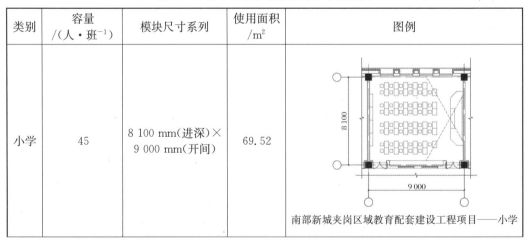 南部新城夹岗区域教育配套建设工程项目——小学

续表

类别	容量 /(人·班$^{-1}$)	模块尺寸系列	使用面积 /m^2	图例
小学	45	8 400 mm(进深)× 9 000 mm(开间)	72.16	 中央商务区七里河片区配套学校——小学
中学	50	7 800 mm(进深)× 9 600 mm(开间)	71.44	 南部新城夹岗区域教育配套建设工程项目——中学
中学	50	8 100 mm(进深)× 9 300 mm(开间)	75.33	 岱山保障性住房片区配套设施—— 岱山南侧初级中学项目
中学	50	9 300 mm(进深)× 9 600 mm(开间)	85.54	 南部新城南京外国语学校建设项目
注:阴影部分为内凹空间,不计入教室的使用面积				

2. 医疗建筑

医疗建筑由于其功能的复杂性,可以作为基本模块的房间类型为诊室与病房,下面主要列举这两类功能模块的平面优先尺寸及图例。

(1) 诊室模块

诊室的标准化功能模块主要包括诊桌、诊查床等。根据大小及尺寸的不同,诊室一般可分为单人诊室、双人诊室、组合单人诊室、套间双人诊室等,但都以单间式的基本间为模块进行组合。单人诊室尺寸以 3.0~3.6 m 开间、4.2~4.8 m 进深为宜,教学医院进深可加大至 4.8~5.1 m。诊室的平面优先尺寸,详见表 4.25,图例详见表 4.26。

表 4.25 诊室平面优先尺寸   单位:mm

项目	诊室平面优先尺寸					
	单人			双人		
开间	3 000	3 300	3 600	3 300	3 600	3 900
进深	4 200	4 500	4 800	4 500	4 800	

注:本表中数据来源于《工业化建筑尺寸协调标准(征求意见稿)》

表 4.26 诊室模块的优先尺寸   单位:mm

类型	模块尺寸系列	图例	说明
单人诊室	3 000~3 600(开间)×4 200~4 800(进深)		单人带诊查床诊室
	3 300~3 600(开间)×4 200~4 800(进深)		设置通往其他诊室或检查室的通道
	3 000~3 600(开间)×4 200~4 800(进深)		医护流线和病患流线分离

类型	模块尺寸系列	图例	说明
双人诊室	3 300～3 600(开间)× 4 500～4 800(进深)		双人带诊查床诊室
	3 600～3 900(开间)× 4 500～4 800(进深)		双人带诊查床诊室
	3 600～3 900(开间)× 4 500～4 800(进深)		医护流线和 病患流线分离
注:本表中图片来源于《现代医院建筑设计参考图集》,张九学著			

(2) 病房模块

病房的标准化功能模块主要包括卫生间、病床等。病房模块一般以三人间和双人间为主,少量布置单人间、多人间(4、6 床),单排病房一般不超过 3 床,双排不超过 6 床。实际医院病房设计过程中大多数病房采用单排 3 床间,少数采用双排 4 床间,局部采用套间形式。病房病床区及卫生间的平面优先尺寸详见表 4.27～表 4.29 所示,图例详见表 4.30。

表 4.27　病房病床区开间平面优先尺寸　　　　　　　　　　　　单位:mm

项目	病房平面优先尺寸					
开间	单排床			双排床		
	3 600	3 900	4 200	5 700	6 000	6 300
注:病床区不含病房内卫生间 　　本表中数据来源于《工业化建筑尺寸协调标准(征求意见稿)》						

表 4.28　病房病床区进深平面优先尺寸　　　　　　　单位:mm

项目	病房平面优先尺寸					
进深	单床		双床		三床	
	3 300	3 600	4 200	4 500	6 000	6 300

注:病床区不含病房内卫生间
　　本表中数据来源于《工业化建筑尺寸协调标准(征求意见稿)》

表 4.29　病房卫生间平面优先尺寸　　　　　　　单位:mm

项目	病房卫生间平面优先尺寸					
短向	1 600	1 800	2 000	2 100	2 400	
长向	1 800	2 000	2 100	2 400	2 700	3 000

注:① 病床区不含病房内卫生间;
　　② 表中优先尺寸数据不含卫生间,实际设计过程中,卫生间和病房组合设计过程中形成的最终尺寸会比未考虑卫生间的优先尺寸略大;
　　③ 本表中数据来源于《工业化建筑尺寸协调标准(征求意见稿)》

表 4.30　病房模块图例　　　　　　　单位:mm

类型	模块尺寸系列	图例	说明
单人病房	3 900~4 200(开间)×3 600~4 800(进深)3 300~4 200 单人病房取消沙发,尺寸压缩,呼应优先尺寸		单人内卫生间模块
双人病房	3 900~4 200(开间)×4 200~4 800(进深)		双人内卫生间模块
	3 900~4 200(开间)×4 200~4 800(进深)		双人外卫生间模块

续表

类型	模块尺寸系列	图例	说明
三人病房	3 900~4 200(开间)× 6 000~6 600(进深)		三人内卫生间模块
	3 900~4 200(开间)× 6 000~6 600(进深)		三人外卫生间模块
四人病房	5 400~6 600(开间)× 4 200~4 800(进深)		四人内卫生间模块
单人无障碍病房 (外卫生间)	3 900~4 200(开间)× (3 300~3 600+ 2 700+700) (进深)		单人无障碍外卫生间模块
双人无障碍病房 (内卫生间)	3 900~4 200(开间)× 4 800~6 000(进深)		双人无障碍内卫生间模块

注:本表中图片来源于《现代医院建筑设计参考图集》,张九学著

4.4.2 公共建筑模块组合

装配式公共建筑的模块化设计是以基本模块为单元,辅以辅助模块、特殊模块进行模块的组合,最终形成完整的公共建筑平面。根据某一模块所能连接的其他模块的数量,装配式建筑的模块的连接方式可分为单向连接、双向连接和多向连接(图 4.25)。模块以这三种连接方式组合,在模块化系统中呈现出链状、树状或网状的组合形态。

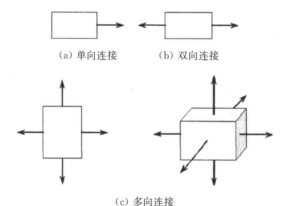

(a) 单向连接　　(b) 双向连接

(c) 多向连接

图 4.25　模块的连接方式

单向连接是指模块只有一个连接界面,并且仅能与另外一个模块相连接的组合方式。单向连接的模块都处于链条或树枝的末端,呈现出链状的组合形态。

双向连接是指模块可以通过组合使所构成的系统由两端向外延伸,呈现出树状的组合形态。

多向连接是指模块可同时与两个以上的其他模块相连的组合方式,又可分为平面连接和立体连接。所谓多向连接并不意味在三维的每一方向上都必有其他模块与之连接,也不表示每一方向只有一个连接面,或每一方向只能有唯一的模块与之相接。

以教育建筑、医疗建筑为例,装配式公共建筑的模块组合连接方式如表 4.31 所示。

表 4.31　公共建筑模块连接方式

建筑类型	模块连接方式	案例
教育建筑	单向连接	岱山保障性住房片区配套设施——岱山南侧初级中学项目

建筑类型	模块连接方式	案例
教育建筑	双向连接	 南部新城南京外国语学校建设项目
	多向连接	 南部新城南京外国语学校建设项目
医疗建筑	单向连接	 南部新城医疗中心
	双向连接	 南部新城医疗中心
	多向连接	 南部新城医疗中心

例 4.6　教育建筑:案例来源于南京长江都市建筑设计股份有限公司设计实例:岱山保障性住房片区配套设施——岱山南侧初级中学项目

岱山南侧初级中学项目用地面积 32 094 m²,地块曲折形异、南低北高,高差近 3 m,按照 12 轨 36 班的规模进行设计(图 4.26、图 4.27)。

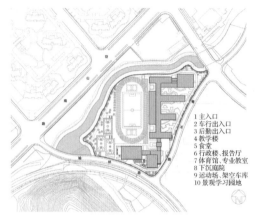

1 主入口
2 车行出入口
3 后勤出入口
4 教学楼
5 食堂
6 行政楼、报告厅
7 体育馆、专业教室
8 下沉庭院
9 运动场、架空车库
10 景观学习园地

图 4.26　总平面图

图 4.27　东南向鸟瞰图

以"生态融入"的被动式设计理念为导向,在总体设计中将建筑体量化"整"为"零",并沿边界贴合布置,建筑体块之间的"空隙"用外廊连接贯通,以最大化室外学习空间。同时在地块的"边角"部分设置入口、坡道或景观等,与边界柔性化结合,将建筑体有机地"嵌入"地块中(图 4.28)。

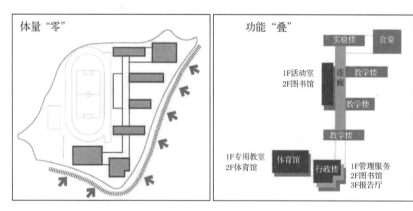

图 4.28　构思概念

该项目在设计前期,进行了装配式的技术策划,将平面柱网、立面构件、层高净高等进行模数化的整合,统一楼层规格尺寸,提高标准化程度,按照普通教室、实验室、卫生间、楼梯间、办公室、走道等功能模块进行分类设计,再按照总体使用关系进行组合,通过标准化、模块化的控制,为装配式结构设计提供了较好的应用基础,节约了成本(图 4.29～图 4.31)。

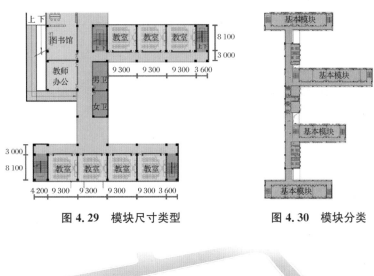

图 4.29 模块尺寸类型   图 4.30 模块分类

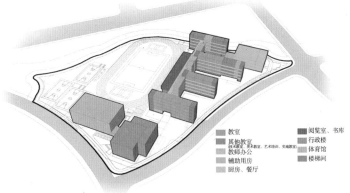

图 4.31 模块组合示意图

例 4.7 教育建筑:案例来源于《装配整体式混凝土中小学学校建筑设计图集(报批稿)》(上海市住房和城乡建设管理委员会发布)

项目总平面设计在满足采光、通风、间距、退界等规划要求情况下,优先采用教学单元模块设计。平面设计遵循模数协调原则,优化教学单元模块的尺寸和种类,实现预制构件和内装部品的标准化、系列化和通用化,完善建筑工业化配套应用技术,提升工程质量,降低建造成本。

本工程建筑设计采用统一模数协调尺寸,符合现行国家标准《建筑模数协调标准》(GB/T 50002)的要求,采用模块化设计手法,开间、进深采用 $3n$ M 和 $2n$ M 的模数数列进行平面尺寸控制,普通教室与各专业教室采用模块化设计。普通教学楼共 5 层,各层基本相同,均采用 9 m×8.4 m 的标准教室并列布置。专业教学楼共 4 层,由于各类专业教室的使用要求不同,无法实现各楼层教室的完全对应统一,因此在设计中采用 $3n$ M 和 $2n$ M 的模数进行专业教室布置,使得构件在生产过程中能够遵循一定的规律。单体平面规整,没有过多的凹凸变化,承重构件上下贯通,符合建筑功能和结构抗震安全要求。预制构件节点采用标准化设计,符合安全、经济、方便施工的要求(图 4.32~图 4.41)。

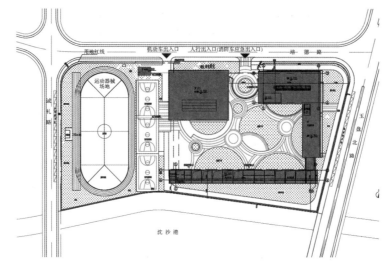

图 4.32　总平面图

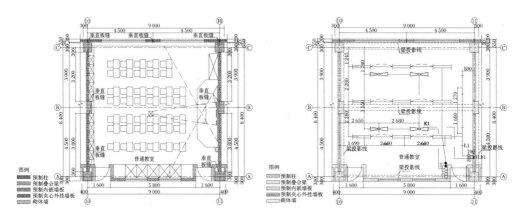

图 4.33　普通教室放大平面图　　　　　图 4.34　普通教室放大平顶图

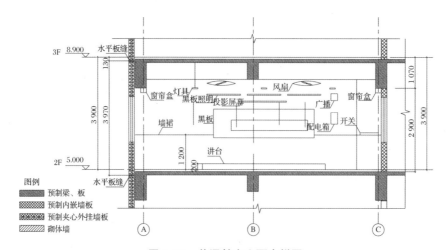

图 4.35　普通教室立面大样图

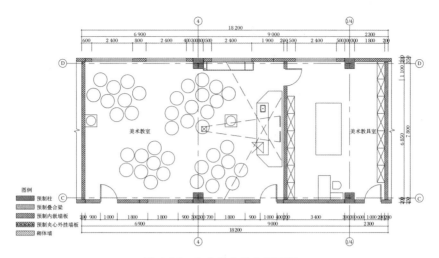

图 4.36 专业教室放大平面图

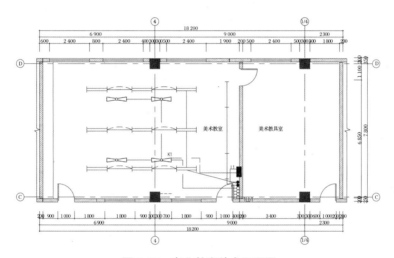

图 4.37 专业教室放大平顶图

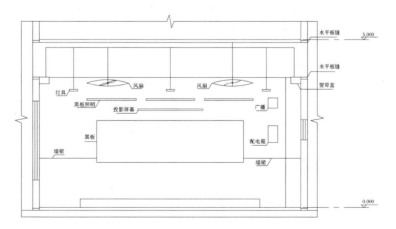

图 4.38 专业教室立面大样图

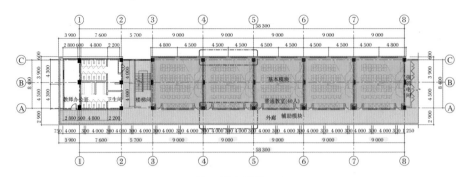

图 4.39 普通教室模块组合平面图

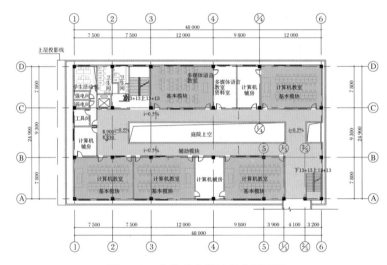

图 4.40 专业教室模块组合平面图

图 4.41 模块组合示意图

例 4.8 医疗建筑:案例来源于《现代医院建筑设计参考图集》(张九学著)

该工程用地面积 3.1 万 m²,总建筑面积 8.9 万 m²(含放疗楼 5 200 m²,高压氧舱 431 m²)。床位 700 张;地上机动车位 280 个,地下车位 50 个;另设非机动车位 1 000 个;绿地率 35%。工程分两期建设:一期设病房综合楼,建筑面积 4.94 万 m²(地下一层,地上十二层);二期设门诊医技综合楼,建筑面积 3.44 万 m²(地下二层,地上五层)。建筑总平面如图 4.42 所示,鸟瞰图如图 4.43 所示。

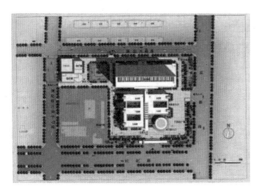

图 4.42 总平面图

图 4.43 鸟瞰图

方案总体布局紧凑,功能分区及院区各出入口划分明确。门急诊医技平面设计以诊室为基本模块,根据功能面积要求,演变出若干适应模块,结合辅助交通模块,采用鱼骨状平面组合方式,形成流线清晰、科室划分相对独立、相互干扰小的平面布局形式(图 4.44、图 4.45);病房综合楼采用基本模块、辅助模块、适应模块的组合,形成若干护理单元,平面布置经济合理,标准化程度高,利于快速建造和施工。

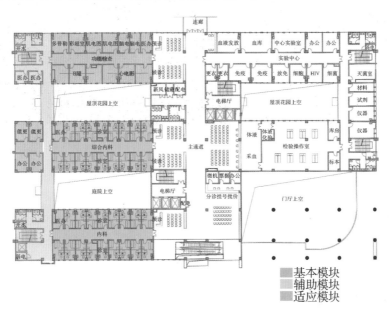

图 4.44 门诊楼基本模块示意图

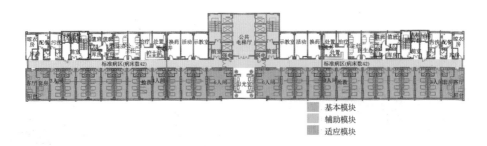

图 4.45　病房楼基本模块示意图

> **例 4.9**　医疗建筑:案例来源于《现代医院建筑设计参考图集》(张九学著)

该项目用地面积 3.3 万 m²,床位 200 张,总建筑面积 1.8 万 m²;主要包括门诊医技楼、住院楼、后勤等配套工程。采用多层建筑,门急诊与住院部平面的布置分区明确,内部空间采光通风好,交通流线顺畅,具有一定的可参考性,外观凸显当地民族建筑特色。项目总平面如图 4.46 所示,项目鸟瞰图如图 4.47 所示。

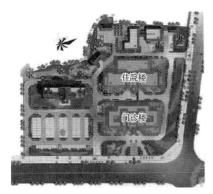

图 4.46　总平面图

图 4.47　鸟瞰图

方案设计采用门诊楼和住院楼平行布置的原则,建筑相对集中、紧凑,四周均留有宽阔的交通、绿化、病人活动休闲区(图 4.48、图 4.49)。整个医院设计采用了模块化的设计理念,门诊楼以诊室为基本模块,端角处辅以两个诊室尺寸大小的适应模块,各类型模块组合成"回"字形的平面组合形式,功能分区明确、流线布置合理,利于标准化设计和建造。

住院楼采取中轴对称的布局形式,以电梯厅联系东西两个模块化的护理单元,南向布置病房,北向设医护用房,中间为走道等交通辅助功能,形成高效集约的模块空间。

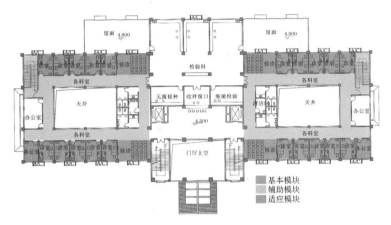

图 4.48　门诊楼基本模块示意图

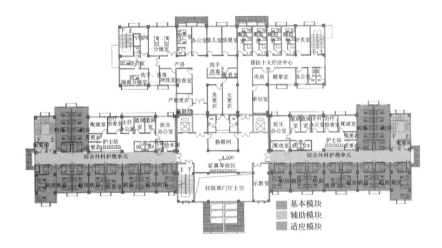

图 4.49　住院楼基本模块示意图

例 4.10　医疗建筑:案例来源于《现代医院建筑设计参考图集》(张九学著)

该项目 2006 年设计,2008 年竣工,用地面积约 13 hm², 设计规划床位 1500 床。建筑总面积 13 万 m², 全部工程拟分三期建设。分为医疗区、特需医疗服务区、后勤生活区、急救中心、放疗中心、感染楼、肿瘤病房等。项目总平面如图 4.50 所示。

一期为医疗区的住院楼(地上 15 层、地下 1 层),安排有 600 张病床;门急诊(急救中心)和医技综合医疗区是按照总规模一次性建成的;另外配套有后勤楼、肿瘤治疗中心、感染楼、高压氧治疗区、后勤楼等。建筑面积共计约 8.4 万 m²。

二期规划有住院楼,三期规划有康复疗养和生活区。

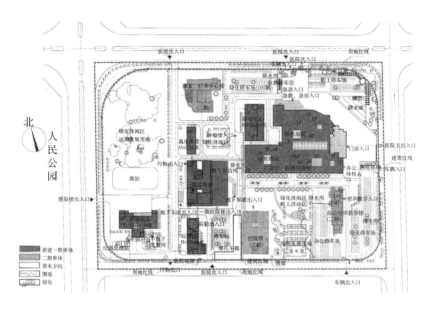

图 4.50　总平面图

门急诊综合楼平面设计中,各类模块通过多种连接方式组合成"回"字形的院落门诊空间,每个院落门诊空间设有尺寸错落有致的中庭,丰富了平面布局形式,也有利于各诊室的自然采光和通风,如图 4.51 所示。

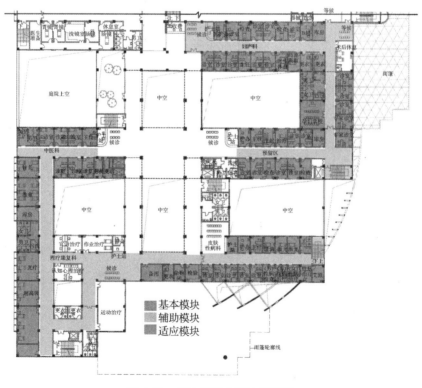

图 4.51　门诊楼基本模块示意图

　　病房楼的模块化设计以标准病房为基本模块,病房内部根据床位数量分为单人间、双人间、三人间。根据不同患者经济承受能力的高低,将基本模块进行尺寸演变,形成五人间、高级病房等适应模块;由于平面功能需求和后期发展预留条件的要求,一些基本模块在尺寸不变的情况下,房间功能定义为备用房间、污物间等适应模块,辅以辅助模块,通过模块间的单项、多项连接,组合成病房楼平面,如图 4.52 所示。

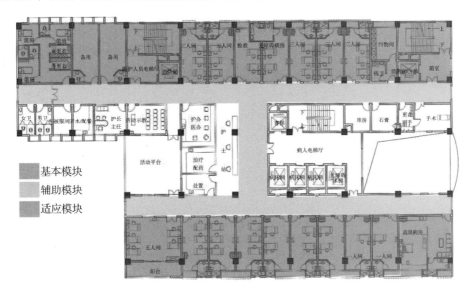

图 4.52　病房楼基本模块示意图

　　本章通过对住宅、公建(学校、医院)标准化程度较高的建筑类型进行基本模块分析,采用多样化的组合方式以实现建筑空间的多样化与个性化,为装配式建筑的"少规格、多组合"的设计原则提供了具体的解决方案。

5 装配式建筑立面设计

标准化、模数化是装配式建筑设计的重要原则。确定标准化的立面网格,在网格内安排标准化的立面构件,立面构件的组合就确定了立面构成的基本单元。对基本单元的外观进行设计,改变其构成逻辑,是实现"标准化、模数化"前提下"立面多样化"最为合理的设计策略。早期的装配式建筑外形比较呆板,千篇一律,后来设计师在立面设计上作了改进,增加了灵活性和多样性,同时参数化及数字技术的使用使装配式建筑不仅能够成批建造,而且样式丰富。本章主要介绍装配式建筑立面的表现方法及立面构造。

5.1 装配式建筑立面的表现方法

建筑外立面设计不应是设计师个性化的体现和实验性的产物,而应是综合社会、经济、技术、文化等诸多因素的设计。建筑外立面设计应该注意到人们的生活经验和审美习惯,创造出能够为广大群众所理解和认同的装饰,做到"雅俗共赏"。

多数建筑设计的一线从业者认为装配式建筑的立面形象受到"标准化"的制约,只能是呆板、单调、重复的。事实上装配式建筑立面设计在标准化的构件与结构基础上,通过多样化的组合方法使得建筑具有一定的空间造型和个性化的变化,取得成本与效益的平衡。

如某保障房项目采用模块化的套型空间组合设计,通过几种模块组合而成,由标准化预制构件和部品组成的立面元素有:预制夹心保温外墙板、叠合阳台、叠合空调板、外门窗与太阳能集热板一体化、成品空调百叶、成品阳台栏板及栏杆。立面设计与这些标准化预制构件和构配件的设计是总体和局部的关系,建筑立面是标准化预制构件在建筑立面上装配后的集成和统一。在标准居住模块的基础上,通过和交通模块的组合形成标准层模块,再通过竖向层高模数累积形成完成体,如图 5.1 所示。标准化设计对建筑主体结构、套型空间的几何尺寸有一定的限制,也限制了外墙的几何尺寸,为了体现标准化设计基础上的立面多样化,项目设计时通过构件及部品外表面的色彩、质感、纹理、凹凸的变化,及不同的组合方式,体现了基于标准化设计前提下的多样化立面设计方案。阳台部位体现了功能与造型有机协调的小空间设计。首先,空调机位与阳台一体化设计便于工人安装操作,实现人性关怀。其次,在不影响日照的前提下,对阳台功能与造型进行综合考量,将其设计为梯形平面,立面呈现出折面韵律,如图 5.2、图 5.3 所示。

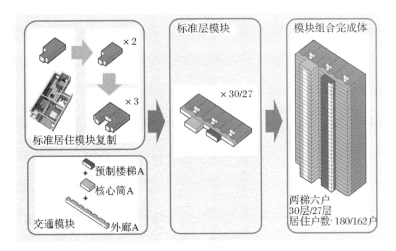

图 5.1　立面模块拼装

图 5.2　阳台平面布置图

图 5.3　立面效果

　　如唐山"第三空间"(图 5.4)综合体标准层中惯常平直的楼板被以错层结构的方式层层堆叠,形成每个单元中连续抬升的地面标高,犹如几何化的人工台地,容纳从公共渐到私密的使用功能,使人犹如在山地上攀爬穿行,在不断的空间转换中形成静谧的氛围。

图 5.4　唐山"第三空间"综合体

所有复式单元在垂直方向并列叠加,对应的建筑立面悬挑出不同尺度及方向的室外亭台,收纳下方和远处的城市及自然景观,自身也成为城市中的新景观。

随着技术的进步,参数化设计、数字建造技术逐步应用于建筑领域,形成了更加灵动、多变的建筑外立面表现形式,如图 5.5 所示。

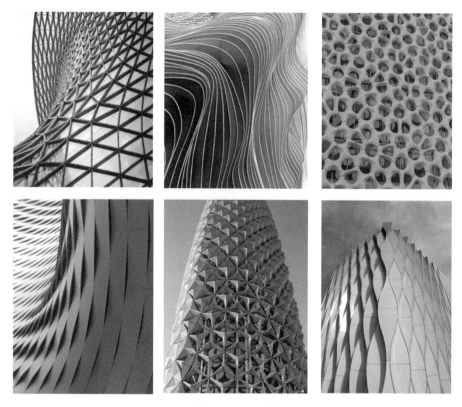

图 5.5　参数化建筑立面表现形式

5.1.1　基于构件组合的立面设计

装配式建筑的其中一个优势是能将建筑分解成零碎的小构件,这些拆分后的小构件是立面塑造的重要基础元素,立面设计应充分挖掘这些构件与立面设计的关系,研究这些构件的拼接组合方式,达到立面的多样化设计效果,如:通过外墙板之间及外墙板与门窗的虚实对比,形成简洁大方的立面构成关系;通过组织窗元素在外墙板上的排布,以格构化的线条来表现装配式建筑的基本立面肌理。

装配式建筑立面的预制构件根据标准化程度可以分为标准构件和非标构件;而根据构件的使用功能可以拆分为预制外墙板、门窗、阳台、楼梯电梯间和其他小型功能构件等。其中预制阳台包含了栏杆栏板的设计,小型功能构件有空调机位、遮阳板、分户隔板等。装配式建筑外立面的构件拆解和分类如图 5.6 所示。

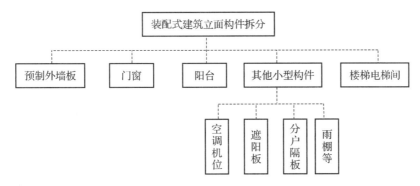

图5.6 装配式建筑立面构件拆分

1. 预制外墙板

建筑可通过外墙板的规律性变化来实现立面的变化,具体的方法有如下几种:

(1) 重复与韵律

通过标准化预制构件或构件组成的基本单元按照一定的逻辑排列,形成韵律感(如阵列、交错、旋转、对称等);同样的构件应用不同的排列组合逻辑,可以生成多样化的立面(图5.7)。

图5.7 国外某装配式建筑

(2) 变异

构件的外形尺寸、构件的连接节点标准化,在这个前提下,在标准化构件的排列组合之中,可以令一部分构件在开窗方式、表皮纹理、色彩等形态上进行变异,使得在简单的构件重复排列的逻辑之外,立面的局部与整体有不一样的特征,增添了立面的生动性和个性(图5.8)。

图 5.8　中建科技(成都)产业园办公研发楼

（3）表皮

除了通过变换立面基本单元的构成手法使装配式建筑立面生动化、多样化，装配式建筑立面还可以通过对预制混凝土表皮的设计，使立面具有装饰效果。这些手法包括凸显预制混凝土材料自身表现力的"装饰混凝土"，以及将传统饰面材料集成预制的"饰面材料反打"做法。

"装饰混凝土"是指混凝土浇筑后，现场不需再做任何涂装、贴瓷砖、贴石材的工序，表现混凝土的"素颜"，其具体手法包括：清水混凝土、预制混凝土的彩色表皮及利用模具形成造型、纹理、质感。

① 清水混凝土

"清水混凝土"手法是指将预制混凝土直接裸露作为美学装饰的一部分，不仅包括直接将模板面作为装饰面的做法，还可以通过多种表面处理工艺丰富其质感变化（图 5.9、图 5.10）。

图 5.9　深圳留仙洞万科云城办公楼　　图 5.10　日本某超高层办公楼

② 彩色表皮

不同的色彩具有不同的表现力，给人以不同的感受。以浅色为基调的建筑给人以明快清新的感觉,深色显得稳重,橙黄等暖色调使人感到热烈。

在预制工厂使用彩色混凝土浇筑、化学着色剂着色等工艺,可按设计要求制作出色彩多样、装饰一体化的立面构件。

实现预制混凝土的彩色表皮主要有两种方式。第一种方式是彩色混凝土。彩色混凝土工艺又有两种方法,方法一是通过采用天然带颜色的混凝土骨料,如红色砂岩等,或者利用金属氧化物,使其产生化学反应最终获得一定的颜色效果;方法二是向白色水泥中添加彩色颜料,使其带有建筑师需要的色彩。彩色表皮的第二种实现方式是构件脱模后使用化学着色剂着色。着色剂可以在混凝土内部及表面发生化学反应而形成一种永久性色彩。常见的化学着色剂主要是金属氧化物类着色剂(图 5.11、图 5.12)。

图 5.11　成都大学新图书馆　　　　图 5.12　巴塞罗那正义之城建筑群

③ 利用模具形成造型、纹理、质感

借由模具内衬(简称"衬模")技术,可以令立面表皮生动化,创造戏剧性的、具有吸引力的美学特征。可用作衬模的材料有钢、玻璃纤维、木、聚氨酯、硅橡胶。直接使用天然材料作为衬模可以得到仿真度高的纹理,但脱模难度大、模具耐久度差,质量难控制。目前广泛应用于欧美发达国家的衬模技术,是使用聚氨酯或硅橡胶制成的弹性衬模,重复使用次数约为 50～100 次。如果综合考虑造型能力、耐久性等因素,弹性衬模具有一定的优势(图 5.13～图 5.15)。

图 5.13　南京丁家庄某保障性住房项目

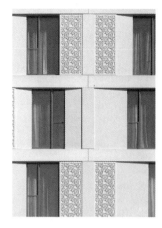 

图 5.14 　柏林泰坦尼克酒店 　　　　图 5.15 　阿联酋阿布扎比马斯达尔学院

④ 饰面材料反打

预制混凝土可以与传统饰面材料一体化集成制造。各类饰面面砖和饰面石材都可预先按设计要求嵌入平放的模台与混凝土浇筑为一体,无须额外粘结层。

面砖饰面以其良好的装饰美观效果,历久弥新的质感等众多优点成为建筑外墙装饰首选材料之一。但是面砖饰面的传统做法容易造成面砖脱落,且其粘贴质量受高空作业、现场作业条件、施工气候、工人操作水平等影响较大,很多城市、地区都禁止高层建筑外墙贴面砖。

使用反打工艺可以解决面砖后期脱落的问题。陶板、瓷片等都可以与混凝土牢固结合,可免除传统面砖铺贴立面的脚手架、材料堆放场所,免除铺贴使用的设施工具,并且节约人力,改善施工环境,提高铺贴立面的施工效率,缩短工期。面砖反打工艺可以实现尺寸的精准和质量的控制,使得复杂精细的细节,如拱券、弧形券、柱头等排砖图案可以同墙板集成在一起。这种美学表达的自由度以现场粘贴面砖工艺是很难经济地实现的(图 5.16、图 5.17)。

图 5.16 　纽约桑树街 290 号公寓楼 　　　图 5.17 　上海浦东万科中方翡翠滨江二期高层住宅

同样,大理石、花岗岩、石灰岩等石材装饰板材,也可以在工厂内同混凝土预制为整体。饰面石材反打工艺将传统干挂工艺涉及的高空作业和现场作业量移入工厂,改变工人操作条件,不受天气影响。石材无须龙骨,可节约材料、节省大量劳动力,也提高了外观质量和施工效率。饰面石材位置精准,表面规整,附着牢固,大大提升了外立面的品质。

⑤ 传统符号的提取

建筑外立面设计应该在尊重地方自然资源与人文资源的基础上进行,这样才能体现地域特色和文化,使人们在情感上产生认同感和归属感(图5.18)。

(a) 苗族建筑窗棂设计　　　　　(b) 成都建工建筑工业化公司产业化研发中心

图 5.18　传统建筑符号的提取与运用

2. 预制阳台

根据预制程度可将预制阳台分为叠合阳台和全预制阳台。其中,全预制阳台根据受力形式又可分为全预制板式阳台和全预制梁式阳台。预制生产的方式能够完成阳台所必需的功能属性,简单快速实现阳台的造型艺术,极大地降低现场施工作业的难度,减少诸多不必要的工作量。

预制阳台可以根据需要设计成各种不同的形式,如圆弧形、三角形、矩形、梯形等多种形状(图5.19)。工厂化预制在满足功能需求的情况下,能达到更高的质量要求,做得更加精细。与传统阳台一样,预制阳台与外墙的连接处理,也可设计成凹入墙内的形式、凸

(a) 预制凸出　　　(b) 预制凹入　　　(c) 预制三角形　　　(d) 预制弧形

图 5.19　各种形式的预制阳台

出墙外的形式以及平齐外墙的形式。

　　装配式预制阳台类型多样,通过形式、色彩、材质的变化会有不同的立面表现形式。设置阳台的构图方式也可以有多种,如点状式、连续式、错位式或者无规则式等,如图5.20所示。

（a）点状式　　　　　　（b）连续式　　　　　　（c）错位式　　　　　　（d）无规则式

图5.20　预制阳台的不同组合方式

　　3. 门窗

　　门窗在装配式建筑立面设计中是不可缺少的构成元素,是丰富立面的重要元素之一。

　　在设计装配式建筑立面窗户时,可以通过以下几种表现形式丰富立面效果:改变窗在立面上的分布位置;变化墙体与窗户的凹凸关系;采用不一样的窗的构造做法;对窗户进行不同的遮阳设计等(图5.21)。

（a）均匀布置　　　　　（b）渐变布置　　　　　（c）错位布置　　　　　（d）无规则布置

图5.21　预制门窗的不同组合方式

　　4. 小型构件

　　装配式建筑预制小型构件包括以下几种:遮阳板、空调机位、分户隔板、飘窗等。这些预制构件虽然规格较小,但数量较多,都可以在工厂预制完成后运至现场安装。在装配式建筑立面设计阶段,也要将这些小型构件考虑其中,对其进行良好的处理会对立面造型产生决定性的影响(图5.22)。

（a）遮阳板　　　　　　　　（b）空调机位　　　　　　　（c）分户隔板

图 5.22　小型预制构件

　　预制遮阳板与传统遮阳板的主要区别在是否是工厂预制。工厂预制的遮阳板，精度高且质量好，又能丰富立面的设计效果。装配式建筑立面的遮阳板可以设置于室内或者室外(图 5.23)。

（a）块状式　　　　　　　　（b）条状式　　　　　　　　（c）整体式

图 5.23　多种预制遮阳板形式

5.1.2　参数化设计、数字化建造

　　随着当今数据化科技的飞速发展，建筑行业的产品和技术资源也在不断地被数据化，越来越多复杂的数字化设计工具推陈出新，并直接影响着当代的城市和建筑实践。这些数字化工具为我们的设计工作提供了更多的可能性，极大地优化了资源配置和建造流程。从人工智能到 3D 打印技术，建筑行业增添了更多的设计和建造工具。数字化的制造方式同时也大大地提高了预制构件的准确性与连续性，一些有细小差别的构件生产也能保证完好的效果。在数字化生产建造的世界里，只要敢于设计，将灵感转化为数字信息，现代技术就能准确无误地生产出成品，这也为装配式建筑立面设计提供了超乎想象的设计空间。

在众多数字化设计工具中,使用最广泛的要数"参数化设计"。顾名思义,参数化设计就是事先设定一系列的引用变量,用于构建建筑的模型或者几何体。绝大多数的常用设计软件中都包含有此功能,适用于各种规模的设计项目。参数化设计经常被用于复杂或重复纹理的设计,这些参数化纹理既可以作为建筑的结构,也适用于建筑物立面的表达,如图5.24所示。

（a）南京青奥中心

（b）宁夏银川当代美术馆

（c）九江文化艺术中心

（d）北京建筑大学图书馆

（e）海南国际会展中心

（f）长沙梅溪湖国际文化艺术中心

图5.24　GRC参数化外墙板工程应用

例5.1　由零壹城市建筑事务所设计的上海宝业中心,其立面设计是对当代办公楼单一化立面设计的一个突破。项目的设计灵感来源于杨汛大桥,将桥与水的关系抽取并置换,形成建筑空间的基本构架。立面以模块化的遮阳屏板组成,屏板水平向的渐变赋予了立面流动性。这些不同斜度的屏板也改变了窗户的高度,控制室内空间的采光。每个屏板由

GRC(玻璃纤维混凝土)材料预制而成。整个幕墙的屏板多达千个,运用参数化设计方法对单元格进行逻辑分析形成幕墙优化方案,最终用 26 种单元屏板就能形成整体立面上的变化,并贯穿幕墙施工深化和施工过程(图 5.25)。

图 5.25　上海宝业中心

例 5.2　2022 北京冬奥会体育场馆(图 5.26)的建筑表皮,其优美流畅的立面效果是由相同的扭曲板组合而成,每一个角度外观均不同,随着人的脚步而变化。这种独特的

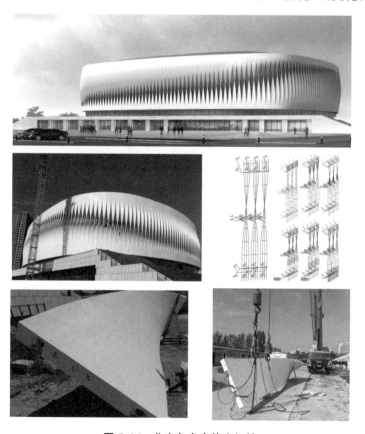

图 5.26　北京冬奥会体育场馆

外观效果,给从远处观看的行人留下深刻的印象。如果走到近处,混凝土材质的表皮表现出的却是细腻光滑的肌理。这是一个复杂而有趣的空间,这里从不会静止,这里总是在改变。

方案选择颇具传统特色的"灯彩"建筑造型,采用"红蓝"作为建筑主色调,体现草原的蓝天白云绿草,力求与校园及城市的人文特色相结合,并能够彰显出冬奥会项目的特质。外围很像剪纸,内部是彩色的,远看酷似灯笼。它就像一个被旋转了180°的纸片,能够增加律动感。

例 5.3 位于新加坡的蜂巢大厦由两栋大楼组成,呈凹形形态,其外墙立面采用六边形蜂巢状表皮,蜂巢式表皮是塔楼的标志性形象,强调形状的同时,也作为建筑物内置环境监管机构。立面上深六角形框架设计用来遮挡阳光,而塔楼的凹面可以引导风向,冷却下部炎热的公共空间,形成"绿洲"般的微气候。蜂巢表达了立面的动态性,同时也成为一种环境工具(图 5.27)。

图 5.27　新加坡蜂巢大厦

5.2　常用外围护系统构造

5.2.1　装配式建筑外围护系统的组成

装配式建筑的外围护系统一般由外墙(幕墙)、屋面、门窗三大部分组成,每部分都自成系统,同时也互相连接,共同满足结构、围护、保温隔热、防水、防火、隔声等性能要求,营造舒适宜人的室内环境并创造美观的建筑形象。

1. 外墙系统

装配式建筑外墙系统可以划分为预制外墙板类、现场组装骨架类和建筑幕墙类。

(1) 预制外墙板类。根据不同的主体结构体系,预制墙板又可分为预制承重外墙板系统和预制非承重外墙板系统。预制承重外墙板一般由混凝土制成,与主体结构多采用刚性连接,节点现浇,使预制承重外墙板之间、预制承重外墙板与现浇结构之间的节点或接缝的承载力、刚度和延性不低于现浇结构。预制非承重外墙板包括预制混凝土外墙板、蒸压加气混凝土板、复合夹芯条板等,这类墙板与主体连接不需要骨架,可采用内嵌式、外挂式、嵌挂结合三种连接形式,分层悬挂或承托。当采用外挂式连接时,外挂墙板与主体结构多采用柔性连接,连接节点具有足够的承载力,同时还能适应主体结构变形。对有抗震设防要求的地区,连接节点应进行抗震设计。预制外墙板是装配式混凝土建筑最重要也是最常用的建筑外墙体系,设计时除应充分考虑预制墙板的安全性(结构、防火)、功能性(围护、防水、保温隔热及隔声)、耐久性技术性能要求外,还需考虑制作工艺、运输及施工安装的可行性,做到标准化、系列化,同时兼顾其经济性。预制外墙板的节点和连接在保证结构整体受力性能的前提下,应受力明确、构造简单、连接方便,在承载能力极限状态下连接节点不应发生破坏。节点设计还应便于工厂加工、现场安装就位和调整;连接件的耐久性应满足使用年限要求。预制外墙板的接缝一般采用结构防水、构造防水、材料防水等相结合的防排水系统及构造设计。外墙板部品间或外墙板部品与主体结构间的板缝多采取性能匹配的弹性密封材料填塞、封堵,在接缝处以及与梁、板、柱的连接处设置防止形成热桥的构造措施。

(2) 现场组装骨架类。包括木骨架组合外墙体系、钢龙骨组合外墙体系等。这类外墙采用工厂生产的骨架和板材,在现场进行组装。

(3) 建筑幕墙类。此类外墙是指悬吊、悬挂于主体结构外侧的轻质围护墙。当前用于幕墙的材料有天然石材、金属板、玻璃、人造石材、复合板材等。

2. 屋面系统

装配式建筑的屋面系统和采用常规方法建造的建筑的屋面系统一样,主要由结构层、保温层、防水层、保护层构成,其中结构层可由预制叠合板构成,屋面女儿墙也可由预制女儿墙板建造。屋面系统应根据建筑的屋面防水等级进行防水设防,并应具有良好的排水功能。

3. 门窗系统

门窗作为建筑的外墙围护结构,需要解决安全、采光、通风、保温、防风、隔音、防水、防火、抗老化、窗的框架位移等功能。其产品是由型材、玻璃、EPDM 胶条、五金件、窗台板及窗套等材料设计组合而成,并不是材料的简单组合,而是通过结构设计优化以及不同材料的选择来实现。加工和安装工艺的细节会直接影响到窗户的各项性能指标。对于装配式建筑可采用标准化外窗系统,其由标准化外窗与预先安装在门窗洞口中的标准化附框、附框压条以及窗台披水板(窄附框)组合安装。完成所有安装工序后投入使用的外窗系统,具体如表 5.1 所示。按材料的不同,标准化外窗可分为铝合金标准化外窗(含铝木复合外窗)、塑料标准化外窗、玻璃钢标准化外窗及其他,如图 5.28 所示。

表 5.1　标准化外窗系统构成

标准化窗	对组成外窗的型材、玻璃、五金件、密封件、配套件等进行定型和标准化生产,窗的规格尺寸实施标准化,材料规格和产品各项性能不低于江苏省工程建设标准《居住建筑标准化外窗系统应用技术规程》(DGJ32/J 157)和工程设计要求的成品窗
标准化附框	与土建施工同步,预埋或预先安装在门窗洞口中,用于安装外窗的独立构件,其规格尺寸、性能指标均实施标准化,能满足质量、安全、节能和使用要求,并具有建筑外窗的后装卸功能
附框压条	装在标准化附框外沿四周,用于标准化外窗安装定位,并与披水板连接的构件
披水板	能承接雨水并能改变雨水流向的构件

（a）铝合金标准化外窗

（b）铝木复合标准化外窗

（c）塑料标准化外窗

（d）玻璃钢标准化外窗

图 5.28　标准化外窗种类

5.2.2　预制混凝土外挂墙板

　　预制混凝土外挂墙板是安装在主体结构上，起围护、装饰作用的非承重墙板。预制混凝土外挂墙板在工厂采用工业化方式生产，具有施工速度快、质量好、维修费用低的优点。

　　外挂墙板按构件构造可分为钢筋混凝土外挂墙板、预应力混凝土外挂墙板两种形式；按与主体结构连接节点构造可分为点支承连接、线支承连接两种形式；按保温形式可分为无保温、外保温、夹心保温三种形式；按建筑外墙功能定位可分为围护墙板和装饰墙板。各类外挂墙板可根据工程需要与外装饰、保温、门窗结合形成一体化预制墙板系统。

　　预制混凝土外挂墙板可采用面砖饰面、石材饰面、彩色混凝土饰面、清水混凝土饰面、露骨料混凝土饰面及表面带装饰图案的混凝土饰面等类型，可使建筑外墙具有独特的表现力（图 5.29）。

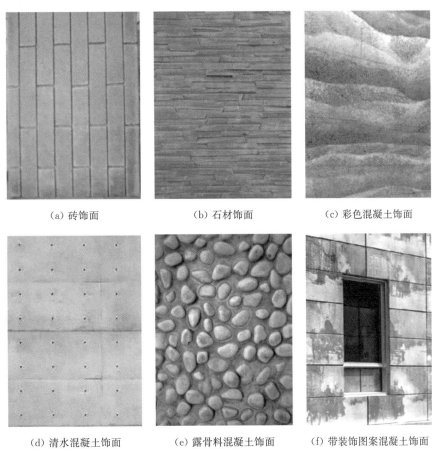

| （a）砖饰面 | （b）石材饰面 | （c）彩色混凝土饰面 |
| （d）清水混凝土饰面 | （e）露骨料混凝土饰面 | （f）带装饰图案混凝土饰面 |

图 5.29　外挂墙板表面形式

1. 板型划分

预制混凝土外挂墙板外立面划分原则如表 5.2 所示,具体表现形式如图 5.30 所示。

表 5.2 外挂墙板板型划分原则

外挂墙板立面划分	立面特征简图	模型简图	常用尺寸
整间板	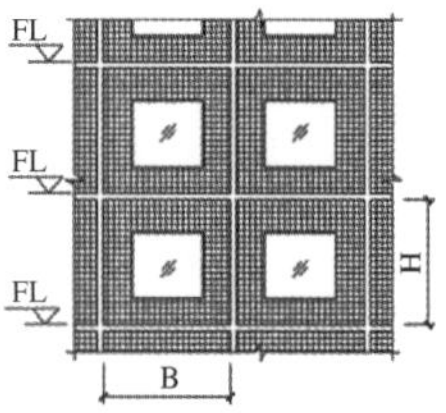	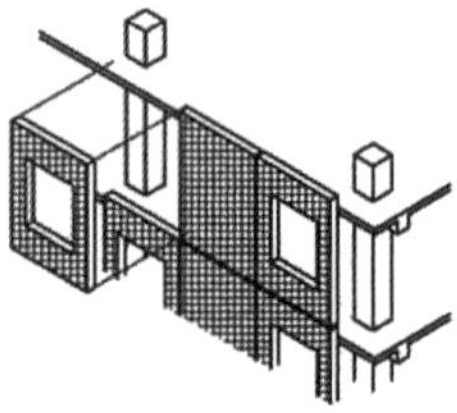	板宽 $B \leqslant 6.0$ m 板高 $H \leqslant 5.4$ m
横条板	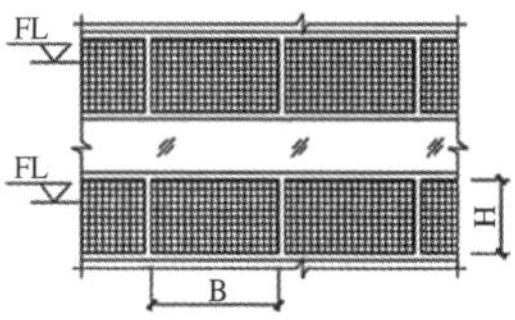	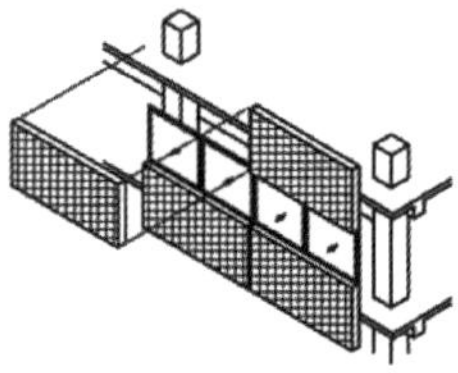	板宽 $B \leqslant 9.0$ m 板高 $H \leqslant 2.5$ m
竖条板	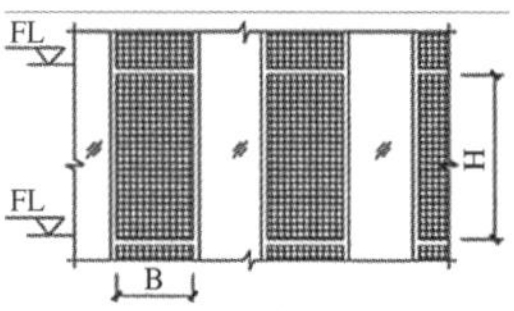	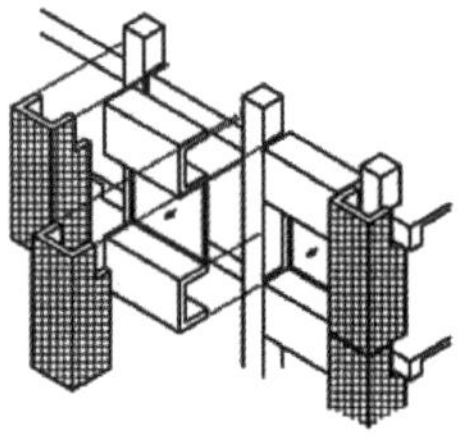	板宽 $B \leqslant 2.5$ m 板高 $H \leqslant 6.0$ m
装饰板	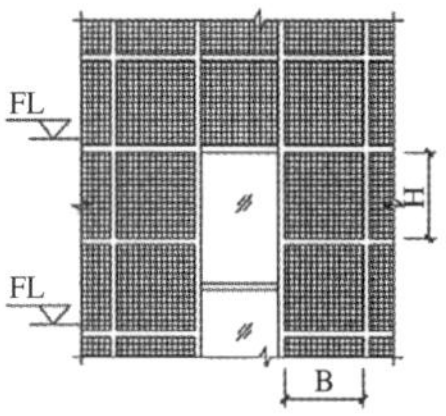	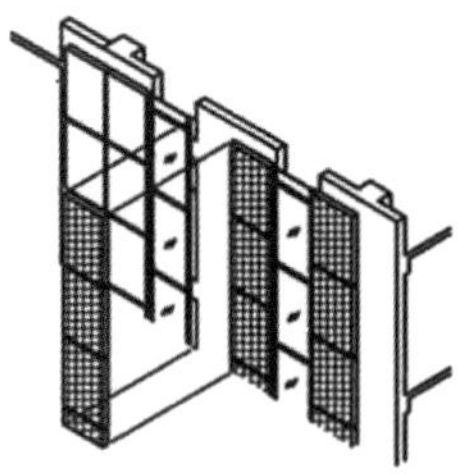	板宽 $B \leqslant 4.0$ m 板高 $H \leqslant 4.0$ m
注:FL 表示楼层标高			

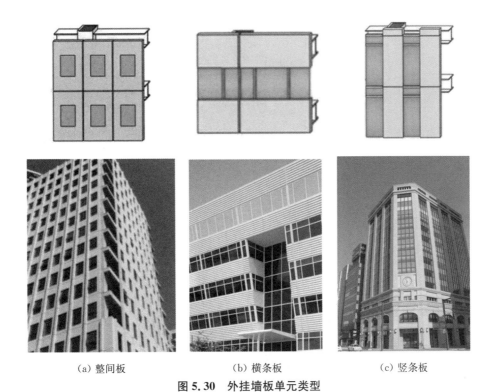

| （a）整间板 | （b）横条板 | （c）竖条板 |

图 5.30　外挂墙板单元类型

2. 运动模式

预制混凝土外挂墙板运动模式的选择原则如表5.3所示。

表 5.3　预制混凝土外挂墙板运动模式选择原则

运动模式		运动简图	选择原则
线支承			外挂墙板适用于混凝土结构且对防水、隔音要求较高的建筑
点支承	平移式		外挂墙板适用于整间板,适合板宽大于板高的情况

续表

运动模式		运动简图	选择原则
点支承	旋转式		外挂墙板适用于整间板和竖条板,适合板宽不大于板高的情况
	固定式		外挂墙板适用于横条板和装饰板

注:预制混凝土外挂墙板运动模式的选择还需要考虑建筑功能的要求

旋转式外挂墙板在风荷载或地震作用下会发生平面内旋转,墙板与主体结构之间填充材料则因外挂墙板反复性旋转存在松动的风险,对于后期缝隙处防水、隔音、防烟的处理存在隐患,有可能影响到将来上下层的建筑使用功能。平移式墙板相对于下层的梁和楼板无相对位移,墙板下端和楼板之间的缝隙后期可采用水泥砂浆填实,上下户之间的防水、隔声、防烟问题可有效解决。

3. 防水及防火构造

预制外墙板板缝应采用构造防水为主、材料防水为辅的做法,如表 5.4 所示。

表 5.4　防水类型

名称	说明	举例
构造防水	是采取合适的构造形式阻断水的通路,以达到防水的目的	水平缝:可将下层墙板的上部做成凸起的挡水台和排水坡,嵌在上层墙板下部的凹槽中,上层墙板下部设披水构造; 垂直缝:设置沟槽等
材料防水	利用防水材料阻断水的通路,以达到防水和增加抗渗漏能力的目的	连接缝外贴聚酯无纺布或 JS 防水、水泥基灌浆料填实

预制外挂墙板之间水平缝的构造宜采用高低缝或者企口缝构造。防水构造可分为一道防水(图 5.31)与二道防水(图 5.32)。一道防水施工方便,造价低,但密封胶易老化,外挂墙板易漏水,维护成本高;二道防水内侧防水材料不受天气和光线影响,耐久性好,但内侧材料防水较难施工,工期长,成本高。

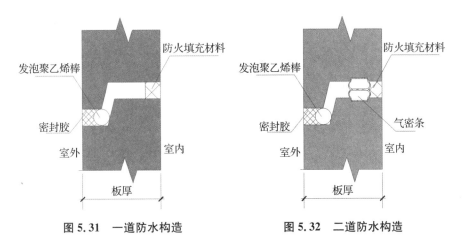

图 5.31　一道防水构造　　　　　图 5.32　二道防水构造

　　预制外挂墙板之间水平缝和竖向缝的防水宜采用空腔构造防水和材料防水相结合的方法。防水空腔应设置必要的排水措施,导水管宜设置在十字缝上部的垂直缝中,竖向间距不宜超过 3 层,当垂直缝下方因门窗等开口部位被隔断时,应在开口部位上方垂直缝处设置导水管等排水措施。预制外墙接缝防水应采用耐候性密封胶,接缝处的填充材料应与拼缝接触面黏结牢固,并能适应建筑物层间位移、外墙板的温度变形和干缩变形等,其最大变形量、剪切变形性能等均应满足设计要求。外墙板接缝处的密封止水带宜采用三元乙丙橡胶或氯丁橡胶等高分子材料,技术要求应满足现行国家标准《高分子防水材料 第二部分　止水带》(GB18173.2)J 型的规定。

　　根据《预制混凝土外挂墙板应用技术标准》(JGJ/T 458—2018)要求,主体结构构件与外挂墙板内侧一般留有安装间隙,此安装间隙应采用 A 级防火封堵材料进行封堵。图集《预制混凝土外墙挂板(一)》(16J110 - 2、16G333)要求板缝室内侧防火封堵材料厚度为 60 mm。外挂墙板防水及防火构造如表 5.5 所示。

表 5.5　防水及防火构造

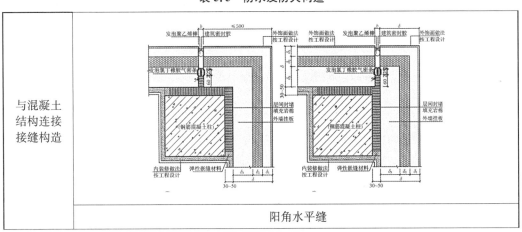

与混凝土结构连接接缝构造	
阳角水平缝	

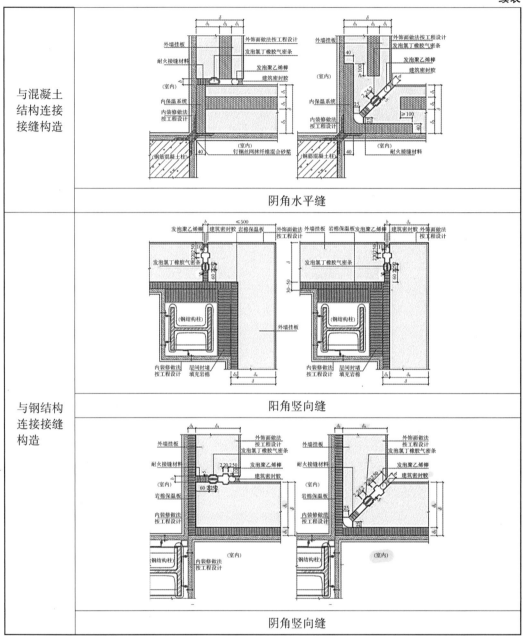

与混凝土结构连接接缝构造	阴角水平缝
与钢结构连接接缝构造	阳角竖向缝
	阴角竖向缝

外挂墙板的导水管设置如图 5.33 所示。

外挂墙板的接缝宽度在设计时应根据极限温度变形、风荷载及地震作用下的层间位移、密封材料最大拉伸-压缩变形量及施工图安装误差等因素设计计算,并宜控制在 10～30 mm 范围内;接缝胶厚度应按接缝宽尺寸的 1/2 且不小于 8 mm。嵌缝材料应在延伸率、耐久性、耐热性、抗冻性、黏接性、抗裂性等方面满足接缝部位的防水要求,主要采用发泡芯棒与密封胶。挑出外墙的阳台、雨篷等构件的周边应在板底设置滴水线。

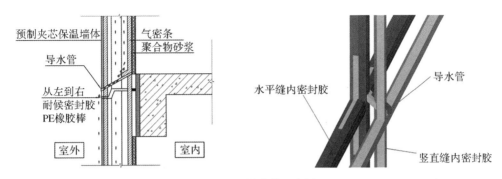

图 5.33 导水管示意图

5.2.3 GRC 外墙板

GRC 是玻璃纤维增强水泥(Glass Fiber Reinforced Cement)的英文缩写,是 20 世纪 70 年代发明的一种新型复合材料。它将轻质、高强、高韧性和耐水、不燃、隔音、隔热、易于加工等特性集于一身,在建筑上占有独特的地位。其具有如下优势:

(1)可塑性

GRC 产品是将原料按一定配比搅拌,在模具内喷射成型,可生产出造型丰富、质感多样的产品。也可根据客户和设计师的不同需要,进行任意的艺术造型,完美实现设计师的设计梦想。

(2)质量轻、强度高

GRC 材料容重 $1.8\sim2.0$ t/m³,比钢筋混凝土轻 1/5。由于可制成薄壁空体制品,比实体制品重量大幅度降低,8 mm 厚标准 GRC 板重量仅为 15 kg,抗压强度超过 40 MPa,抗弯强度超过 34 MPa,大大超过国际标准要求。

(3)超薄技术、尺寸大

GRC 板最薄可做到 5 mm,标准宽度为 900 mm 和 1 200 mm,长度不限,满足运输条件即可,亦可做成任意厚度、任意尺寸。

(4)色彩丰富、造型多样

GRC 产品采用同质透心矿物原料,可以根据客户的需求做出各种不同颜色及不同造型的艺术效果。

(5)质感好、肌理多

GRC 产品表面可做出喷砂面、荔枝面、光面等不同质感效果,也可以做出条形、镂空、浮雕等不同肌理效果。

(6)环保、无辐射

GRC 属可再生材料,有利于环保。原材料不含放射性核素,为国家放射性核素含量 A 类环保材料。

GRC 的基本材料组成如表 5.6 所示,构件加工流程如图 5.34 所示。

表 5.6　GRC 基本材料组成

材料	内容
水泥	通常用于 GRC 中的水泥主要有快硬硫铝酸盐水泥、低碱度硫铝酸盐水泥、普通硅酸盐水泥、白色硅酸盐水泥
纤维	GRC 材料中使用的纤维必须是耐碱玻璃纤维,种类包括耐碱玻璃纤维无捻粗纱、耐碱玻璃纤维短切纱、耐碱玻璃纤维网格布。欧美国家要求 GRC 中使用的玻璃纤维氧化锆含量不低于 16.5%,国内要求在使用普通硅酸盐水泥时氧化锆含量不低于 16.5%
砂子	通常是指河砂水洗砂,彩色 GRC 就要求用石英砂
外加剂	通常可选择性地加入高效减水剂、塑化剂、缓凝剂、早强剂、防冻剂、防锈剂等外加剂;当制品中含有钢质增强材料或钢质预埋件时,不得使用氯化钙基的外加剂
聚合物	通常添加的聚合物为丙乳,即丙烯酸酯共聚乳液
其他材料	可以选择性添加一些火山灰质活性材料,有利于提升 GRC 制品的综合性能,例如强度、抗渗、耐久等

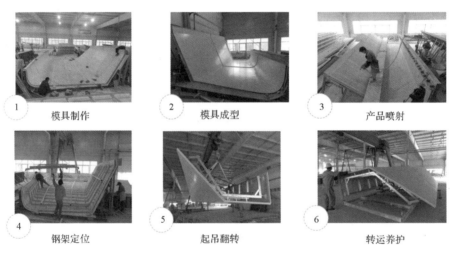

图 5.34　GRC 构件的加工流程

GRC 外墙构件的设计工作包括:建筑立面设计、构件与建筑物连接节点设计和构件设计。

1. 构件与建筑物连接节点设计

GRC 构件与主体结构或支承结构应采用柔性连接,且应符合下列要求:① 对相应规范或标准允许的主体结构误差、GRC 构件制作误差及施工安装误差等具有三维可调适应能力,对于双曲面异形板,还应具有多自由度可调适应能力。② 对 GRC 构件与主体结构间因温度、湿度作用产生的相对变形或位移具有适应能力,且将这种温度、湿度作用在GRC 构件内产生的应力控制在设计允许的范围内。

GRC 外墙装饰构件安装在建筑物墙体上的连接方式包括:① 用膨胀螺栓直接将构件固定在墙体上。② 通过连接板与墙体连接,即用螺栓将构件与连接板连接,再将连接板用膨胀螺栓或焊接的方式与墙体或墙体上的预埋件连接。③ 构件安装到钢龙骨上,钢龙骨与建筑主体结构连接。④ 小型构件可以黏接于墙体上(图 5.35、图 5.36)。

采用各种连接件、锚固件和龙骨等连接方式,必须经过结构计算以满足构件自重、风荷载、地震荷载和干湿变形、温度变形诸因素作用下的强度和刚度要求。

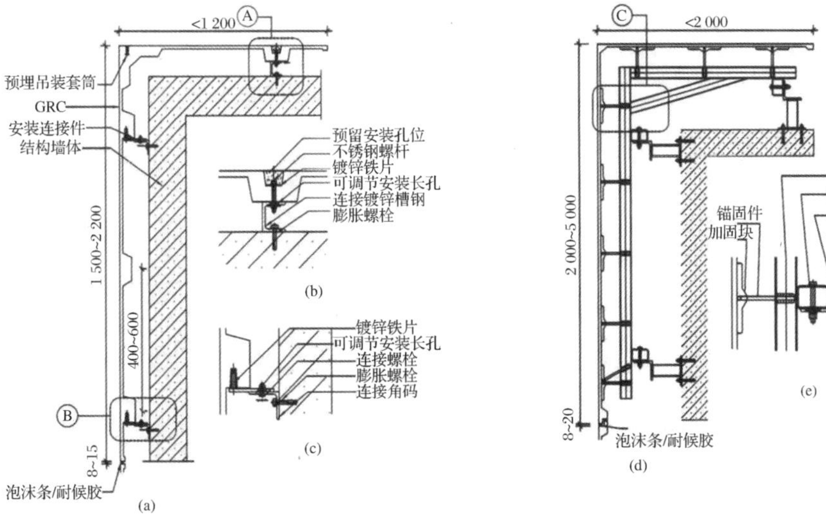

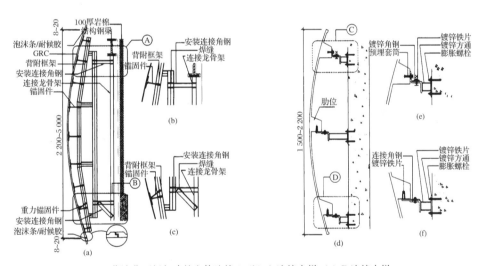

（a）幕墙与建筑主体转角连接 1；（b）A 连接大样；（c）B 连接大样；
（d）幕墙与建筑主体转角连接 2；（e）C 连接大样

图 5.35　GRC 幕墙与建筑主体转角连接构造示意

（a）幕墙曲面板与建筑主体连接 1；（b）A 连接大样；（c）B 连接大样；
（d）幕墙曲面板与建筑主体连接 2；（e）C 连接大样；（f）D 连接大样

图 5.36　GRC 幕墙曲面板与建筑主体连接构造示意

2. 构件设计

GRC 平板构造应符合下列要求：① GRC 平板厚度不宜小于 25 mm，高层建筑、重要建筑及临街建筑，其厚度不宜小于 30 mm。② 采用四点支承的单块 GRC 平板的面积不宜大于 1.0 m²。③ GRC 平板的锚固构造可采用预埋方式或后锚固方式，且其有效锚固深度应不小于板厚的 1/2，当采用后锚固方式时，应采用背栓或短槽后置挂件等锚固形式，且锚固件与 GRC 板在锚固处应采用锚固胶胶接处理。④ GRC 平板边缘与支承点间的距离应小于支承间距的 1/2,且应大于 85 mm。⑤ 采用短槽后置挂件锚固连接的 GRC 平板,其平板外墙高度不宜大于 24 m。

GRC 带肋板的结构构造应符合下列要求:① 板面最大尺寸不宜大于 4 500 mm。② 板肋的跨高比宜为 16～25。③ GRC 带肋板的面板厚度不应小于 10 mm。④ GRC 带肋板的截面尺寸应按结构计算确定,当采用单层肋截面时,肋高不应小于 30 mm,肋厚不应小于 20 mm;当采用夹芯肋时,肋高不应小于 60 mm,肋截面厚度不应小于 10 mm。

GRC 背附钢架板的构造要求应符合下列规定:① GRC 面板厚度应按结构计算确定,且厚度不应小于 10 mm;GRC 面板的支承间距应按结构计算确定;面板边缘与相邻支承点间的间距应小于支承间距;面板边缘应制作具有足够抵抗板边变形的加强肋。② 背附钢架的龙骨间距应与面板支承间距一致,龙骨截面尺寸应按结构计算确定。③ GRC 面板与背附钢架应采用柔性锚杆连接,其连接构造应能保证面板受到垂直于板面的荷载可靠地传递到背附钢架上,且使面板与背附钢架沿平行于板面方向具有满足设计要求的相对位移能力。④ GRC 面板与背附钢架间应设置重力锚杆,重力锚杆的连接构造应能使 GRC 面板自重可靠地传递到背附钢架上;重力锚杆的数量应由结构计算确定,但不应少于柔性锚杆的列数。

对于地震设防地区,当对 GRC 背附钢架板有抗震锚固构造设计要求时,抗震锚固构造设计应符合下列要求:① 抗震锚固件应设置于面板的重心位置。② 抗震锚固件沿水平方向应能承受面内水平地震作用;沿垂直方向应具有足够的相对于主体结构的位移能力。③ 抗震锚固的构造尺寸应按锚固抗剪试验实测确定。

5.2.4 ALC 外墙板

ALC(Autoclaved Lightweight Concrete)板全称为蒸压加气混凝土板,是以砂(包括各类硅砂及其他含硅工业废弃物)、粉煤灰等硅质材料和石灰、水泥等钙质材料为主要原料,掺加铝粉为发气剂,通过配料、搅拌、浇筑、预养、切割、蒸压养护等工艺生产的新型墙体材料,具有轻质、保温、不燃和可加工等特性,并具有节能、利废、提高资源利用率等优势,是我国推广应用最早、使用最广泛、技术最完整的轻质墙体材料之一。生产和使用加蒸压气混凝土,既节能、节地、减少资源消耗,保护生态环境,又可促进建筑业的现代化进程(图 5.37)。

ALC 板材干容重不大于 625 kg/m³,是标准砖的 1/4,是黏土空心砖的 1/3;导热系数低[0.12 W/(m·K)],热迁移慢,本身为无机不燃物,且在高温下不会产生有害气体,当环境温度达 700 ℃时也不会造成强度损失,保温隔热性能是普通混凝土的 10 倍,黏土空心砖的 2 倍;由于 ALC 板内部存在众多小气孔,具有较强的隔音性能,1 000 Hz 的声音透过 150 mm 厚的 ALC 板其损失为 44 dB;同时还有节能、节土、施工速度快等优点,增大建筑物的使用面积,是新型墙体材料和节能建筑的主导产品。

ALC 板作为建筑物的围护结构,具有保温、防水、隔热、隔音、美观、耐久的特点。一般厚度有 50 mm、75 mm、100 mm、125 mm、150 mm、175 mm、200 mm 等几种,宽度为 600 mm,长度为 0.60～6 m。

图 5.37　ALC 外围护墙板

ALC 板是一种规格条板,用它作为围护墙体或屋面时是以两端搁置在主体结构上的简支连接形式参与工作的,设计时应保证板材满足荷载作用下的承载力要求,同时保证其与主体结构连接节点承载力满足规定要求。设计的节点在平面内具有一定的可转动性及延伸性,即"柔性连接",以适应主体结构在不同方向的水平位移,保证满足抗震设防烈度下主体结构层间变形的要求,ALC 外围护墙与主体结构的连接方式如表 5.7 所示,与混凝土主体结构的主要连接节点构造如图 5.38 所示,与钢结构的主要连接节点构造如图 5.39 所示。

表 5.7　ALC 外围护墙与主体结构的连接方式

连接方式	适用范围	优点	缺点	配件大样
钩头螺栓	建筑高度 100 m 以下	干法施工、节点强度高,抗变形能力强,造价相对较低	外立面需少量修补,内侧有配件暴露	
钢管锚	建筑高度 100 m 以下	干法施工、抗变形能力强,外立面无修补痕迹	内侧有配件暴露	
接缝钢筋	建筑高度 18 m 以下	配件隐蔽	适应变形能力较差,湿法施工,板面污染	钢筋带内膨胀头即可
斜柄连接件	建筑高度 30 m 以下	干法施工、节点隐蔽,可有轻微的变形	节点强度不高	
方型连接件	建筑高度 30 m 以下	干法施工、变形能力较好,外立面无修补痕迹	强度不高	

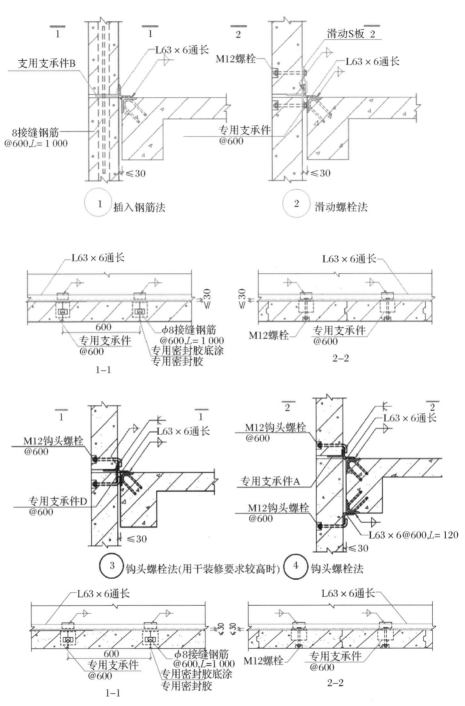

图 5.38 ALC外墙与混凝土结构连接节点构造

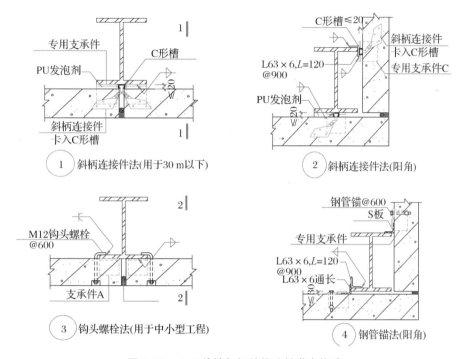

图 5.39　ALC 外墙与钢结构连接节点构造

5.2.5　单元式幕墙

　　建筑幕墙是集建筑技术、功能和艺术于一体的建筑物外围护结构,作为一种高级建筑外墙,它备受建筑师和开发商的喜爱。随着建筑市场的快速发展,幕墙市场对高水平幕墙设计的需求大大增加,为此幕墙设计单位就需要以丰富的幕墙系统结构形式来适应和引导市场的需求。比较具有代表性的就是单元式幕墙技术的应用和发展。单元式幕墙按面板材料可分为玻璃、金属板、石材、人造板材、组合面板单元幕墙系统;按面板支承形式可分为隐框、半隐框、明框结构单元幕墙系统(图 5.40、图 5.41)。

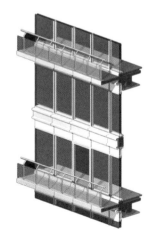
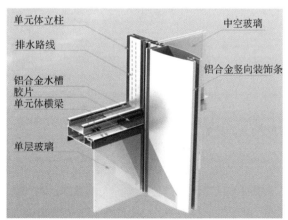

图 5.40　单元式幕墙

图 5.41　单元式玻璃幕墙工程应用

框架式幕墙与单元式幕墙的对比见表 5.8 所示。

表 5.8　框架式幕墙与单元式幕墙对比

比较项目	框架式幕墙	单元式幕墙
定义	又称构件式幕墙,这种幕墙是在现场依次安装立柱、横梁和玻璃面板的框支承玻璃幕墙	是将面板和金属框架横梁、立柱在工厂组装为幕墙单元,以幕墙单元形式在现场完成安装施工的框支承玻璃幕墙
安装方法	工厂加工,现场安装	工厂加工,现场吊装
安装精度	一般	较高
表面平整度	一般	较好
防水	一般	较好
工期	较长	基本与主体同步
施工受天气影响程度	较大(特别是打胶)	不大
维修	方便	复杂
对场地的要求	占工地现场空间较小	占工地现场空间较大
对埋件的要求	采用预埋件	优先选用预埋件
对施工组织的要求	一般	较严格
运输成本	较低	较高
实现不标准块难易程度	易	一般
节能效果	好	好

单元式幕墙的单元组件在工厂已将面板(玻璃、铝板、花岗石板)装配好,在主体结构上安装连接,在室内一侧操作(图 5.42)。单元组件在主体结构上安装连接是相邻两单元组件对插接缝和单元组件与主体结构的连接对插(扣、挂)同时进行。

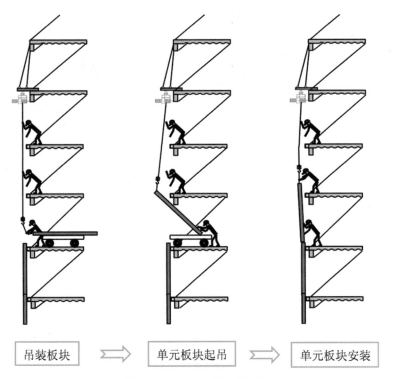

吊装板块 ⟹ 单元板块起吊 ⟹ 单元板块安装

图5.42 单元式幕墙的吊装

单元式幕墙利用等压原理实现结构防水,由四道密封胶条构成等压腔并通过迂回渠道与外界连通,保持腔内外空气压力均衡,使进入幕墙内部的少量水能顺畅排出;改变传统的密封胶堵水为导水,能有效保证气密性和水密性;采用小气室分割原理,以一个单元板块的宽度或高度为气室分割单位,保持压力均衡,从而提高水密、气密性。采用特殊工艺处理,使密封胶条在槽内准确定位,不会因温度变化产生伸缩,保持环形密封可靠,保证气密、水密性。

单元式幕墙通过尘密线、水密线和气密线实现水密、气密性能(图5.43)。

(1)尘密线

尘密线是为阻挡灰尘而设计的一道密封线,一般由相邻单元的胶条相互搭接实现,也起到披水的作用。

(2)水密线

通过幕墙表面的少量漏水可以越过这条线,进入单元幕墙的等压腔。通过合理的结构设计,进入等压腔的水将被有组织地排出,而不能继续进入室内,以此达到阻水的目的。有时为了提高幕墙的水密性能,也可同时设置多道水密线。

(3)气密线

由于水密线和气密线之间的等压腔和室外基本上是相通(有时在连通孔上放置防止灰尘的海绵)的,因此水密线不能阻止空气的渗透,阻止空气渗透的任务由最后一道防线气密线来完成。

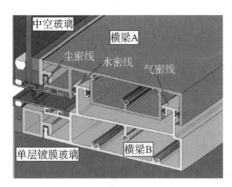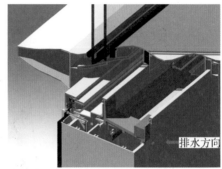

图 5.43　单元式幕墙防水构造

　　在幕墙表面,为了运用雨幕原理进行防水,设计上使等压腔内的压力等于或接近室外压力,即水密线两侧的风压基本相等,消除或减轻了风压的作用,使水不通过或很少通过尘密线和水密线进入等压腔。在气密线两侧,缝隙和气压差同样不可避免,要达到不渗漏的目的,则要使水淋不到气密线,消除渗漏三要素中水的因素。由于通过尘密线和水密线的水很少或没有,加上合理的组织排水,就没有水淋到气密线,气密线缝隙周围没有水,就不会发生渗漏,从而使单元式幕墙对插部位具有良好的防水能力。

6 装配化装修设计

装修是建筑产品直面消费者的用户界面,装修的发展与建筑结构的产业化发展基本同步。我国发展装配化装修不仅有利于提高建筑品质,解决建筑业用工难问题,而且有利于缓解环境压力,实现了去环节、去手艺、去污染、去浪费的新型建造方式,促进了传统装修产业的升级。

6.1 装配化装修设计原则

装配化装修是以标准化设计、工厂化生产、装配化施工和工业化部品为主要特征,实现工程品质提升和效率提升的新型装修模式。基于装配化装修的特征,设计和部品选型时应坚持干式工法、管线与结构分离、部品集成定制,并遵循模块化设计、可逆安装设计的原则。

1. 干式工法

干式工法是指采用干作业施工的建造方法。干式工法规避了湿作业的找平与连接方式,通过螺栓连接、胶接、卡扣连接、榫卯连接等方式实现可靠支撑和连接。其中架空楼地面就是运用得比较好的一项。设计楼地面、墙面找平与饰面连接时,选择架空与自适应调平的支撑与连接构造,面层选用干挂式、插入式、锁扣式或连接线条等物理连接方式代替水泥砂浆找平、腻子找平等基层湿作业以及各类化学用品黏合的连接方式。

2. 管线与结构分离

干式工法为管线与结构分离提供了可能。将相对寿命较短的设备及管线敷设于构造基层与饰面层间,使设备管线与建筑主体相分离,可确保建筑主体结构长寿化和可持续发展。管线优先敷设在架空地面、架空墙面、吊顶的空腔内,在不加额外空间的前提下,有利于建筑功能空间的重新划分和设备及管线的维护、改造、更换。

3. 部品集成定制

装配化装修应优选成套供应的部品。系统性集成程度高的部品部件,可减少装配化部品的种类繁杂问题,减少多个工厂、多个部品之间相容性差的问题。按照订单对于非标规格部品定制,阻止装配现场二次裁切,定制的非标部件与标准部件同时编码,同批次加工,避免色差。

4. 模块化

厨房、卫生间等固定功能区可以通过墙、顶、地与管线集成设计形成功能模块,通过模块化设计可减少设计工作量,提高设计工作的效率。

5. 可逆安装

装修完全采用物理连接,通过不同形式的固定件将部品组合在一起,实现安装与拆卸的互通。

6.2 装配化装修设计标准

在装配化装修的实践过程中,建筑企业以及施工单位应根据实际的情况以及业主的意见,提供产品系列化整体解决方案,为居民提供更多的选择,使居民掌握更多的自主权,确保各类业主的实际需求得到满足。

装配化装修的发展在我国经历了四个阶段:1.0版成品住房设计+工业化部品部件,即全装修技术体系;2.0版楼地面架空体系+装配化厨卫系统,体现干法施工、标准化、模块化;3.0版轻质隔墙+成品墙板,突出通用化、系列化、个性化;4.0版集成设备设施系统+智能家居系统,实现数字化、多系统控制智能化、集成化。具体如表6.1所示。

表 6.1 装配化装修产品系列整体方案

版本	系统			做法
1.0版 成品住房设计+工业化部品部件	厅房系统	墙体系统	墙身材料	分室墙:轻质条板(ALC板等)/轻钢龙骨隔墙(轻钢龙骨+石膏板)
			饰面材料	① 阻燃墙纸;② 乳胶漆
		吊顶系统		① 矿棉板吊顶;② 轻钢龙骨石膏板吊顶;③ 石膏线条
		地面系统		① 防滑地砖;② 复合木地板;③ 竹木地板
	厨卫系统	墙体系统	墙身材料	轻质条板(ALC板等)
			饰面材料	瓷砖
		吊顶系统		① 塑铝条形扣板吊顶;② 铝质集成吊顶
		地面系统		防滑地砖
	内门系统	门		分室门:成品木质套装门(含门套)
	收纳系统			① 玄关收纳柜;② 厨房柜体(上下柜);③ 卫生间台盆柜、镜柜;④ 卧室衣帽柜;⑤ 阳台家政柜
	部品系统	洁具		① 坐厕;② 台盆;③ 淋浴隔断;④ 浴缸
		电器		① 灶具;② 油烟机;③ 空调;④ 冰箱;⑤ 热水器
		五金		① 水槽;② 龙头;③ 厨房拉篮;④ 毛巾架

版本		系统	做法
2.0版	楼地面架空体系＋装配化厨卫	楼地面架空系统	① 支撑模块(PVC调整脚等); ② 基层模块(可集成干法地暖模块及保温); ③ 饰面模块(自饰面复合地面材料)
		装配化厨卫系统	① 整体成品防水墙板; ② 集成式吊顶(铝扣板等); ③ 整体柔性防水底盘/蜂窝铝底盘(瓷砖饰面)
			① 整体成品防水墙板; ② 集成式吊顶(铝扣板等); ③ 架空地面
			整体卫浴:GRP、SMC、彩钢板等
3.0版	CSI体系	轻质隔墙系统＋成品墙板系统	① 复合墙板; ② 轻钢龙骨骨架管线分离
4.0版	数字化	设备设施系统＋智能家居系统	设备设施:① 新风系统;② 薄法排水;③ 集成给水;④ 集成地暖 智能家居:① 智能照明;② 智能家电;③ 智能监测;④ 智能安防

6.3 装配化装修设计流程

装配化装修的设计流程如表 6.2 所示。

表 6.2 装配化装修设计流程

阶段	内容
策划阶段	确定内装技术体系及主要技术
	装配化装修技术应用范围
	确定主要设施设备系统
	确定主要部品部件
建筑配合阶段	根据产品定位及客群优化户型平面,完善功能布局
	根据装修标准配合土建专业确定整体地面标高关系
	统一标准化户内各门洞门垛尺寸
	户内燃气热水器、空调、新风主机等设施设备定位
	强弱电箱、智能化箱体定位
方案设计阶段	确立设计风格、明确细部设计
	确定交付范围
	完成部品清单及材料封样

阶段	内容
施工图 设计阶段	完成点位深化设计后提资设备及构件深化专业,保证各专业一体化同步出图
	配合土建专业确定结构降板范围、梁上预留孔洞定位
	配合空调、地暖、新风、收纳等厂家完成深化方案,整合设计图纸
	优化设计节点、排版厨卫铺砖

6.4 装配化装修部品

装配化装修部品主要涉及装配化隔墙、装配化墙面、装配化架空地面、装配化吊顶、集成门窗、装配化卫浴、装配化厨房、集成收纳、集成给水部品、薄法同层排水部品以及集成采暖等内容,部品系统规格、排版应结合部品具体生产规格进行设计,并符合现行《建筑模数协调标准》GB/T 50002 的规定,且应达到指导工厂生产的深度(图 6.1、图 6.2)。

图 6.1 装配化装修技术体系

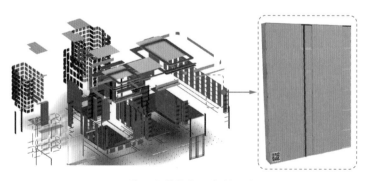

图 6.2 装配化装修部品部件组合多样

6.4.1 隔墙系统

装配化隔墙系统是结构＋功能＋装饰一体化的整体解决方案。隔墙系统根据施工做法分为：分割室内的分室隔墙(轻质隔墙)，贴附着结构主体内墙面的架空墙体以及集成化快装墙面。

1. 轻质隔墙

轻质隔墙是指用于内部房间分隔的集成墙面形式，空腔内便于成套管线集成和隔声部品填充。隔墙部品属于非结构受力构件，隔墙应进行保温、隔音、阻燃、防潮处理，单元隔墙之间、单元隔墙与墙顶地之间的连接应牢固。

隔墙按材料可分为龙骨隔墙、轻质条板隔墙以及其他材料的单元模块隔墙。其应根据项目的保温、隔声、防火、抗震等性能要求以及管线、设备设施安装的需要明确隔墙厚度和构造方式。目前我国的装配化隔墙一般采用轻钢龙骨部品与自饰复合面板组成的轻钢龙骨隔墙，ALC条板或成品隔断，例如轻钢龙骨隔墙(图6.3)、轻质条板隔墙(图6.4)、钢面板成品隔断(图6.5)、玻璃成品隔断(图6.6)等。

图6.3 轻钢龙骨隔墙

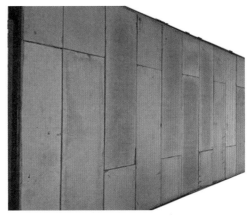

图6.4 轻质条板隔墙

图6.5 钢面板成品隔断

图6.6 玻璃成品隔断

轻钢龙骨隔墙系统(图 6.7、图 6.8)主要由组合支撑部件、连接部件、填充部件、预加固部件等构成,具体如表 6.3 所示。目前轻钢龙骨可分为 50 型、75 型以及 100 型等规格,在实际工程中需要按照其高度、跨度以及使用要求等来选择。不同连接节点的轻钢龙骨隔墙构造如图 6.9～图 6.14 所示。

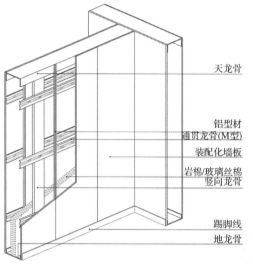

图 6.7 轻钢龙骨隔墙构造

  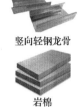

图 6.8 轻钢龙骨部件

表 6.3 轻钢龙骨隔墙系统部品构成

序号	内容	
1	组合支撑部件:隔墙由轻钢龙骨支撑,具体由天地轻钢龙骨、竖向轻钢龙骨和通贯轻钢龙骨连接做支撑体	居住建筑主要应用 50 系列轻钢龙骨支撑
		办公建筑主要应用 100 系列轻钢龙骨支撑
2	连接部件:轻钢龙骨与墙顶、地面等结构体的连接,通常应用塑料胀塞螺丝;龙骨之间的连接,通常应用磷化自攻螺丝	
3	填充部件:隔墙内填充岩棉板、挤塑板、聚乙烯发泡材料等,主要起到吸音、降噪作用	居住建筑主要应用 50 系列容重 80 kg/m³ 的岩棉,基本规格为 400 mm×1 200 mm×50 mm
		办公建筑主要应用 100 系列容重 80 kg/m³ 的玻璃棉,基本规格为 400 mm×1 200 mm×100 mm
4	预加固部件:对于隔墙上需要吊挂超过 15 kg 或者即使不足 15 kg 却产生振动的部品时,需要根据部品安装规格预埋加固板,加固板与支撑体牢固结合,一般使用不低于 9 mm 带有防火涂层的阻燃板	

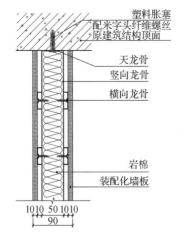

图 6.9 轻钢龙骨隔墙节点

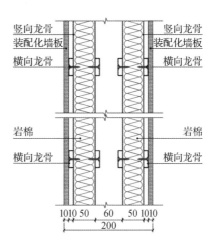

图 6.10 200 mm 加厚轻质隔墙节点

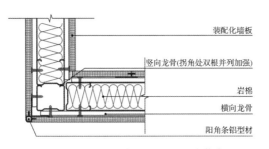

图 6.11 轻质隔墙拐角连接构造节点

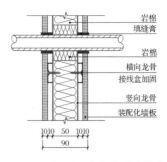

图 6.12 轻质隔墙穿管封堵节点

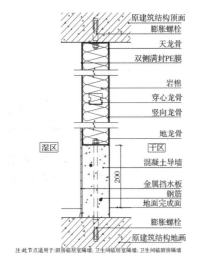

注:此节点适用于:厨房临居室隔墙;卫生间临居室隔墙;卫生间临厨房隔墙

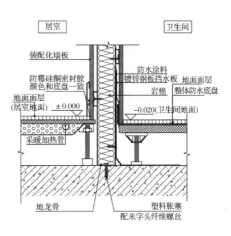

图 6.13 干湿区装配化隔墙节点

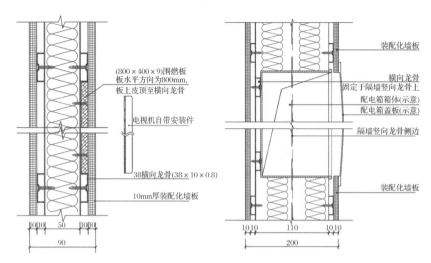

图6.14　装配化隔墙加固板安装节点

2. 架空墙体

架空墙体是指与原建筑结构墙体相分离的集成墙面。其构造方式是在原建筑结构墙体室内一侧安装树脂螺栓或轻钢龙骨等支撑部件,如图6.15~6.19所示。其外挂自饰面复合墙板,在中间夹层内敷设管线使管线和主体结构分离,方便后期的维修与更新。同时可以根据实际需要,充分利用其架空空间,实施采用内保温工艺;此外还可兼顾防潮、防火的功能要求选择填充材料。

图6.15　轻钢龙骨架空墙体　　　　　**图6.16　树脂螺栓架空墙体**

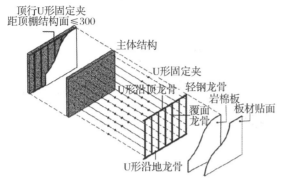

图 6.17 轻钢龙骨架空墙体部品构成

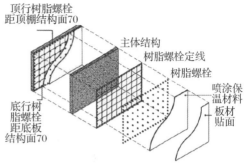

图 6.18 树脂螺栓架空墙体部品构成

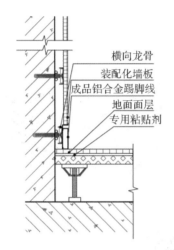

图 6.19 轻钢龙骨架空墙体连接构造

3. 快装墙面

快装墙面是在既有平整墙面、轻钢龙骨隔墙或者不平整结构墙等墙面基层上,采用干式工法现场组合安装而成的集成化装饰墙面。

装饰面板宜选用饰面一体板。装配化墙面材料多样,例如硅酸钙复合墙板、蜂窝铝墙板、SMC墙板、竹木纤维板等,如图 6.20~图 6.23 所示。装饰面板应与基层连接紧密无异响,实现单块可拆装的需求。部品接缝处应设置工艺缝或使用收边条。饰面板应从阳角端自下而上安装;若无阳角,可从选定的阴角端按顺序安装;收口处饰面板宽度不宜小于整板宽度的 1/2(图 6.24、图 6.25)。

自饰面硅酸钙复合墙板由于性能稳定,使用较为广泛,可以应用于所有建筑的室内空间,并且可以与干式工法的其他工业化部品很好地融合,如玻璃、不锈钢、干挂石材、成品实木等。自饰面板的系统部品构成如表 6.4 所示。

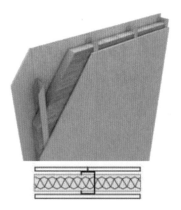

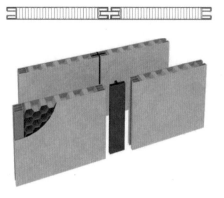

图 6.20　硅酸钙复合墙板　　　　　图 6.21　蜂窝铝墙板

图 6.22　SMC 墙板　　　　　　　图 6.23　竹木纤维板

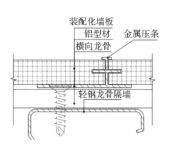

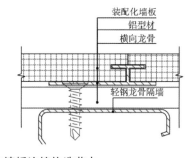

图 6.24　墙板与墙板连接构造节点

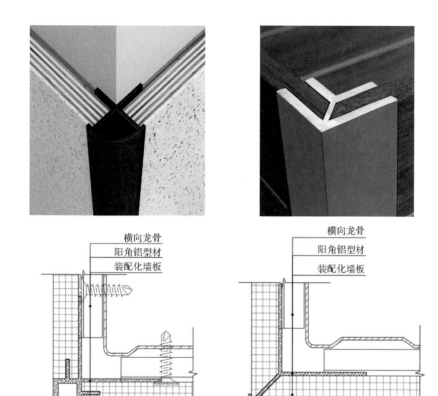

图 6.25 墙板阳角连接构造节点

表 6.4 墙面系统部品构成

序号		内容
1	自饰面板	自饰面复合墙板可以根据使用空间要求,进行不同的饰面复合技术处理,表达出壁纸、布纹、石纹、木纹、皮纹、砖纹等各种质感和肌理的饰面
		根据客户需要定制深浅颜色、凹凸触感、光泽度
		根据不同空间的防水、防潮、防火、采光、隔声要求,特别是视觉效果以及用户触感体验,可以选择相适应的自饰面墙板
		自饰面复合墙板在工厂整体集成,复合墙板厚度通常为 10 mm,宽度通常为 600 mm 或 900 mm 的优化尺寸,高度可根据空间定制
		自饰面复合墙板宜选择干挂式、插入式、锁扣式或连接线条等物理连接方式,不应采用各类化学用品黏合的连接方式
2	连接部件	墙板与墙板之间采用工字形铝型材等进行暗连接
		需要体现板缝装饰效果的可配合土字形铝型材等做明连接
		在转角处可以分别使用钻石阳角铝型材和组合阴角铝型材进行阳角、阴角的连接,钻石阳角铝型材和组合阴角铝型材的表面,都可以通过复合技术处理成与墙板一致的壁纸或者其他金属色
		所有铝型材可通过十字平头燕尾螺丝固定在平整墙面或轻质隔墙龙骨上

轻钢龙骨隔墙安装工法如表 6.5 所示，安装现场情况如图 6.26、图 6.27 所示。

表 6.5　轻钢龙骨隔墙系统安装工法

序号	步骤	内容
1	定位	墙面无须找平，完成好主体结构后，就按照施工图纸，沿吊顶和地面弹出隔墙的宽度线
2	安装龙骨	沿弹线的位置固定好天龙骨、地龙骨和边框龙骨等，并用结构密封胶连接紧密后，再用膨胀螺丝进行固定。需要注意的是，在进行安装时，要保证龙骨的间距符合家具、电器的规格尺寸，同时还需要兼顾对吊柜安装位置的加固处理。为了增强架空隔墙的结构性能，一般要求在门窗洞口位置采用双排竖向龙骨，除了天地龙骨以外，一面墙上的横向龙骨不少于5排，每排中心距不大于600 mm，同时还需满足内装部品的模数准则
3	布置设备管线	根据施工图纸进行隔墙内水电管路铺设，并明确开关、插座的详细位置，固定牢固且经隐蔽验收
4	敷设隔声层	完成好设备管线的敷设后，在轻钢龙骨之间填塞隔音材料作为隔声层
5	安装面板	最后在横向龙骨外侧用结构密封胶粘贴涂装板（自饰复合板），板间缝隙应用防霉型硅酮玻璃胶填充并勾缝光滑。对于厨房空间则一般采用干式瓷砖贴面的方式将瓷砖干挂在轻钢龙骨上，并根据瓷砖的大小在轻钢龙骨上安装卡扣件托起石材

图 6.26　轻质隔墙系统安装过程

图 6.27　快装墙面系统安装过程

6.4.2　地面系统

装配化地面系统（图 6.28）是一种集架空、调平、采暖、保护、装饰于一体的集成部品。地面系统应包含支撑模块、基层模块、饰面模块。设计使用地暖或地送风时，应选用集成地暖或集成地送风架空地面，如图 6.30、图 6.31。集成采暖宜设置在基层模块与饰面模块之间。

　　根据支撑方式的不同,架空地板主要分为模块架空式、支撑架空式等。模块架空起源于荷兰马托拉(MATURA)填充体系,填充体系分隔开主体结构和管线系统,形成独立的管线区域。最初常用于轻钢轻板住宅中,多适用于轻质墙板及复合式楼板。支撑架空式是目前常用的架空地面体系(图 6.29),是通过可调支撑脚(一般采用树脂或金属螺栓支撑脚),和基层模块连接形成架空层,实现了管线与结构的分离,避免了管道维修更换时对主体结构的破坏。根据敷设方式的不同集成地面有两种构造方式:先立墙式(图 6.32)、先铺地式(图 6.33)。

图 6.28　装配化地面系统

图 6.29　支撑架空式

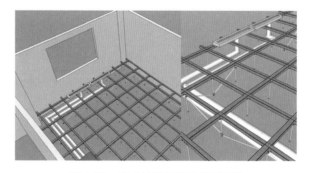

图 6.30　集成采暖架空地面系统　　　　图 6.31　集成地送风架空地面系统

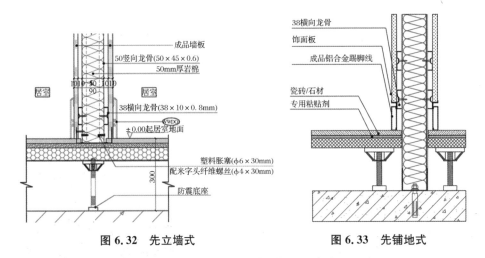

图 6.32　先立墙式　　　　　　　　图 6.33　先铺地式

国内装配化装修的工程案例中,大多采用先立墙式,其具有稳固、隔音效果好等特点。先铺地式在日本的装配式建筑中应用较广。先铺地式具有安装快捷、节约材料、可变性强等特点,如表 6.6 所示。

表 6.6　先铺地式与先立墙式对比

项目		内容
先铺地式	优点	架空部分的地面和隔墙材料有所节约
		在平整的架空层上施工更容易,易于施工管理
		后期拆改维修容易
		无须动架空部分,就可以做隔墙拆去和位置变换
		隔墙和有出入口处的地面响声会减少
		开门关门声的影响会减少
	缺点	靠隔墙置放重物,可能会使地面和隔墙成一体晃动
		架空层下是一体的,比较容易传递声音和震动
先立墙式	优点	隔墙的根基是立在原始的地面上的,这在一定程度上保证了它的牢固
		铺地砖或者地板的时候不容易留有缝隙
		隔墙效果优于先铺地式效果
		隔墙构件的预埋方便
	缺点	后期拆改墙面需对地面进行破坏,不易位置变换

装配化楼地面应结合节能和隔声需要进行设计。架空地面部品主要构成如表 6.7 所示,具体构造如图 6.34~图 6.36 所示。

表 6.7　架空楼地面系统部品构成

序号			内容
1	支撑模块	地面调整脚	点支撑地面调整脚是将模块架空起来,形成管线穿过的空腔
			采用由树脂或金属螺栓等配件组成的地脚螺栓或者轻钢龙骨作为支撑体结构形成架空层,用于设备管道的敷设
			调整脚根据处于的位置,分为短边调整脚和斜边调整脚,斜边调整脚在模块靠近墙边时使用,调整脚底部配有橡胶垫,起到减震和防侧滑功能
		连接部件	连接扣件与调整脚使用纤维螺丝连接,地脚螺栓调平对 0~50 mm 楼面偏差有强适应性,边角用聚氨酯泡沫填充剂补强加固
2	基层模块	基层板	基层模块一般采用水泥基板材、木纤维基板材、聚丙烯材料板材、高分子材料板材等
			型钢架空地面模块以型钢与高密度复合地板基层为定制加工的模块,根据空间厚度需要,可以定制高度 20 mm、30 mm、40 mm 系列的模块,标准模块宽度为 300 mm 或 400 mm,长度可以定制
		地暖层	对于采暖地区而言,地面可采用的地暖模块一般由镀锌钢板内填塞聚苯乙烯泡沫塑料板材组成,具有保温隔声的作用,地暖模块间的间隙一般用聚氨酯发泡胶填充严实
		平衡层	地暖模块上不应直接铺设瓷砖、石材类地面,确需铺设时,应加设蓄热层和持力层。一般采用燃烧性能为 A 级的无石棉硅酸钙板,具体层数根据设计确定或者采用水泥承压板构成
3	饰面模块	面层	面层可采用木地板、复合地板、石材瓷砖等材料。采用自饰面复合地板应用于不同的房间,可以选择石纹、木纹、砖纹、拼花等各种质感和肌理的饰面,也可以根据客户需要定制深浅颜色、凹凸触感、光泽度
			复合地板厚度通常为 10 mm,宽度通常为 200 mm、400 mm、600 mm,长度通常为 1 200 mm、2 400 mm,也可以根据优化房间尺寸定制

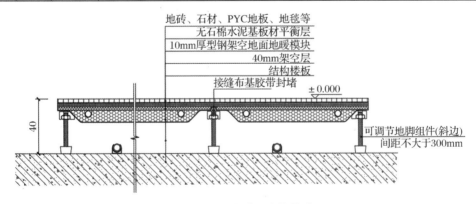

图 6.34　架空地面连接构造

图 6.35　架空地面部品构件

图 6.36　架空地面细部连接构造(踢脚线、锁扣地板)

架空地面的安装工法如表 6.8 所示,安装现场情况如图 6.37、图 6.38 所示。

表 6.8　架空地面安装工法

序号	步骤	内容
1	设备管线敷设	根据设计图纸完成设备管线的合理定位与敷设,并经隐蔽验收合格
2	定位	按照施工图纸沿墙面弹出地面的标高控制线,然后沿着控制线用膨胀螺丝固定好边支撑龙骨的位置,并在龙骨的底部用三角垫片垫实
3	安装地暖模块	按照设计图纸布置好可调节的地脚支撑件,然后沿着边支撑龙骨开始在地脚组件上敷设地暖模块,并用自攻螺丝连接牢固,地暖模块之间的缝隙用聚氨酯发泡胶填充严实。在进行地暖模块的安装时,要求地暖加热管没有接头且不得突出于地暖模块表面,敷设完成后应进行隐蔽验收
4	敷设平衡层	完成地暖模块的敷设验收检查后,开始敷设复合板制成的平衡层。对于采用地暖模块的瓷砖面层,其平衡层材料也可采用水泥层压板,以避免过热的温度对脚底造成伤害
5	敷设面层	室内空间一般采用木地板、瓷砖或者新型的石塑地板,具体选择需要综合考虑结构形式和用户需求,在安装时全部采用干法作业用地板胶进行粘贴。需要注意的是当采用石塑地板时,需要先将材料提前进场在现场放置 24 h,保证温度与施工现场一致后再进行施工作业

图 6.37 装配化架空地面安装过程

图 6.38 装配化架空地面地暖模块安装过程

6.4.3 吊顶系统

装配化吊顶系统常采用轻钢龙骨作支撑(图 6.39),主要由面板模块、功能模块、安装模块、电气模块四大功能模块以及连接件组合而成,因此在设计和安装时需要多种不同专业模块进行相互协调。各类部品除了满足空间使用需求外,其外形尺寸还需要与面板模块的安装尺寸相匹配。

饰面模块应根据空间功能满足隔音、防火、防潮等性能要求。饰面模块可选择吊挂式、拼接式、锁扣式或连接线条等物理连接方式,应结合设备、管线以及墙面系统进行集成设计。吊顶系统的部品构成如表 6.9 所示,装配化吊顶按材料分为:铝扣板吊顶、张拉膜吊顶、硅酸钙板吊顶、木塑复合板吊顶、铝合栅吊顶等(图 6.40～图 6.43)。

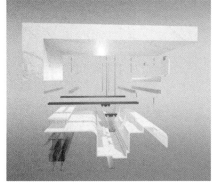

图 6.39 吊顶系统模块

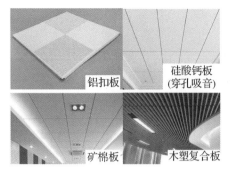

图 6.40　吊顶细部节点图　　　　　　　图 6.41　集成铝扣板

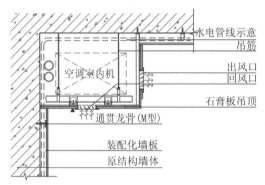

（a）叠级灯槽构造

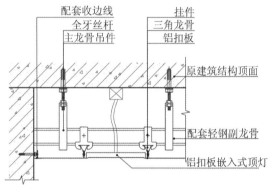

（b）窗帘盒构造

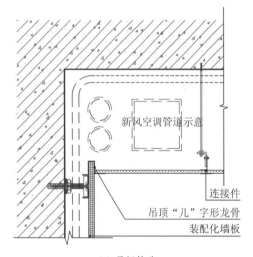

（c）叠级构造

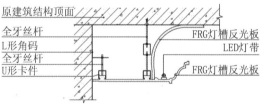

（d）风口安装构造

图 6.42　轻钢龙骨吊顶连接构造

表 6.9 吊顶系统部品构成

序号		内容
1	饰面模块	饰面模块可以根据使用要求,进行不同的饰面复合技术处理,表达出壁纸、布纹、石纹、木纹、皮纹、砖纹等各种质感和肌理
		吊顶顶角线连接采用成品石膏线
		在顶板上,可根据设备配置需要,预留新风、空调、浴霸、排烟管、内嵌式灯具等各种开口
2	连接部件	当墙面是复合墙板时,在跨度低于 1 800 mm 的空间安装复合顶板,可以免去吊杆吊件,通过几字形铝型材搭设在复合墙板上,利用墙板为支撑构造
		复合顶板之间沿着长度方向,用上字形铝型材以明龙骨方式浮置搭接
		当顶板采用包覆饰面技术时,几字形铝型材和上字形铝型材可以复合相同饰面材质,增强统一感

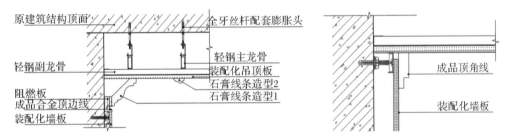

图 6.43 吊顶顶角线连接构造

目前,在居住建筑中,居室顶面由于用户审美习惯等因素,多以石膏板涂刷乳胶漆为主,集成吊顶多用于敷设各类管线设备的厨卫空间,多以铝扣板吊顶为主,如图 6.44、图 6.45 所示。

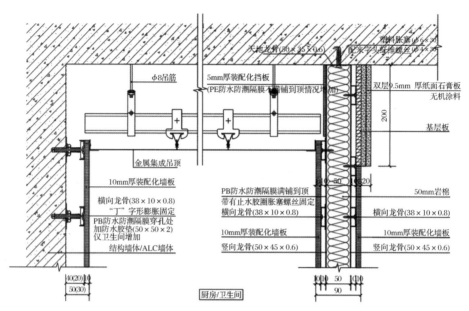

图 6.44 厨卫吊顶安装构造连接节点

图 6.45 厨卫吊顶工程应用

集成吊顶的安装工法如表 6.10 所示,集成吊顶的安装过程如图 6.46 所示。

表 6.10 集成吊顶安装工法

序号	步骤	内容
1	定位	根据设计方案确定好吊顶的基本功能、布局原则以及结构和设备之间的模数关系,使用专业仪器精确定位各设备的安装位置
2	安装吊架	结合具体的结构条件和功能要求,选用适当类型的轻钢龙骨或铝合金龙骨及其配件组装成吊架,并通过吊杆、膨胀螺栓把吊架锚固在建筑物顶面上,当开间尺寸大于 1 800 mm 时,应采用吊杆加固措施
3	安装吊顶和功能模块	首先将功能模块安装固定在吊架上,然后将吊顶模块固定在吊架上,并采用专用工具切割排烟孔和排风扇的孔洞,最终通过与电气开关、插头插座、电气保护器、电气元件、电气配线等进行安装控制,共同组合成集成式吊顶
4	预留检修口	在完成顶板的最后铺装时需要预留检修口,以便于后期设备的维修和更换

图 6.46　集成吊顶安装过程

6.4.4　集成门窗系统

集成门窗部品是集成套装门、集成窗套、集成垭口三类部品的统称。集成门窗部品由于工厂预装配加工,预留引孔、预装锁体等,使其具有超强的防水、防火、防撞、防磕碰性能,耐久性强,具有高性能、一体化的特点,这对于在所有权与使用权分离的项目(集体产权的公租房、人才房、安居房)中应用具有天然优势,延长了部品使用期限,降低了业主维护难度。根据使用材料划分,常见的集成门窗部品有:集成铝合金门窗、集成塑钢门窗、成品木塑套装门、不锈钢门等,如图 6.47~图 6.50 所示。集成门窗的系统部品构成如表 6.11 所示。

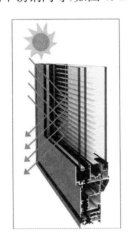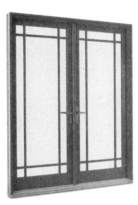

图 6.47　集成铝合金窗

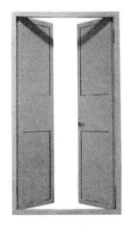

塑钢窗　　　　　　　　　成品木塑套装门

图 6.48　集成塑料门　　　　　　　图 6.49　成品木塑套装门

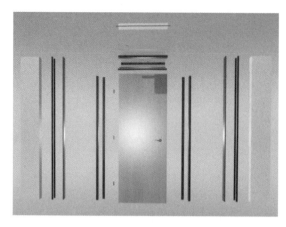

图 6.50　集成门窗系统部品构成

表 6.11　集成门窗系统部品构成

序号		内容
1	门扇	门扇以金属框架与自饰面复合板集成,工厂化手段预留引孔,预装锁体,减少现场测量开孔带来的不确定性
		根据房间是否需要采光可以分为无玻璃和嵌玻璃两种,根据开启方式可以分为平开门和推拉门
		基于轻质隔墙空腔的优势,设置在轻质隔墙的推拉门,可以采用内藏式,最大限度提升空间效率
		当采用木纹饰面门板时,可以体现凹凸手抓纹的立体效果。门上可以镶嵌石材、玻璃、有机玻璃等点缀性装饰材质,也可以根据空间需要进行平面雕刻、立体雕刻等
		门扇厚度通常为 42 mm,宽度通常为 700 mm、800 mm、900 mm,高度通常为 2 100 mm、2 400 mm,也可以根据优化房间尺寸定制。特别是办公空间,要求可以随隔墙高度安装套装门
2	门套与垭口套	集成门窗通常采用型钢复合门套与垭口套,该门套采用镀锌钢板成型压制,门套预留注胶孔,便于施工
		门套自带静音条,增强隔声效果;门套底部配置防水靴,从根本上杜绝了地面存水浸湿门套导致的门套膨胀、锈蚀、变色、开裂等传统木门的质量缺陷
		复合门套与垭口套可以根据墙体厚度定制宽度,宽度超过 200 mm 的门套内侧增加硅酸钙板增强其整体刚性,门套上集成了合页
3	窗套	一般由型钢复合窗台和型钢复合窗套共同连接围合成窗套部品
		一般窗套宽度不宜超过 300 mm
		窗套饰面可以做成木纹或混油效果,四个面通过手指扣相互咬合连接
4	门上五金	装门的合页已经与门套集成在一起,需要现场安装的五金主要有门锁执手和门顶

集成门窗的连接构造如图 6.51、图 6.52 所示。

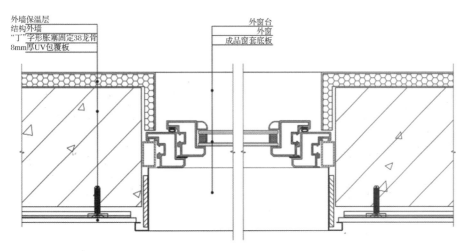

图 6.51　集成门窗连接构造

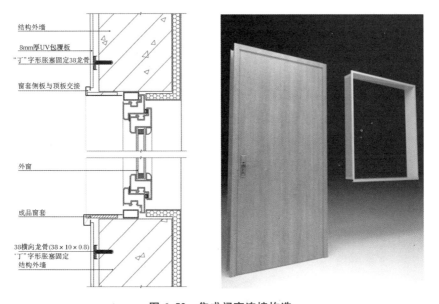

图 6.52　集成门窗连接构造

　　集成门窗既可以用于一般居室,也可以应用在对于防火防水要求高的厨房、卫生间,还可以用于隔声要求高的办公室、公寓。集成门窗质量稳定,安装便利,在雄安服务中心办公楼、北京副中心办公楼、北京台湖公租房、上海宝业爱多邦保障房项目中均有应用、南京丁家庄保障房二期在卧室、厨房、卫生间也采用了这种集成门窗,如图 6.53～图 6.56所示。

图 6.53　雄安服务中心办公楼　　　　　图 6.54　北京副中心办公楼应用

图 6.55　北京台湖公租房　　　　　图 6.56　上海宝业爱多邦保障房项目应用

6.4.5　装配化卫浴系统

1. 集成卫浴

集成卫浴(图 6.57、6.58)是由工厂生产、现场装配的模块化集成卫浴产品的统称。其所有部件均在工厂预制完成,采用简单快捷的整体装配方式,是一种柔性工厂化生产。根据生产工艺,常见集成卫浴的防水底盘有航空树脂(SMC)、玻璃钢(FRP)底盘、蜂窝铝底盘,以及热塑复合防水底盘等;墙壁、顶板多为自饰面复合面板以及瓷砖(石材)等铺贴。相比传统卫生间,集成卫浴具有防滑、防潮、防水、易清洁、安全卫生、施工方便和品质优良等优点。集成卫浴整体防水底盘(图 6.59)可以根据卫生间的形状、地漏位置、风道缺口、门槛位置一次成型定制,其应用广泛,不受空间、管线限制。

图 6.57　集成卫浴

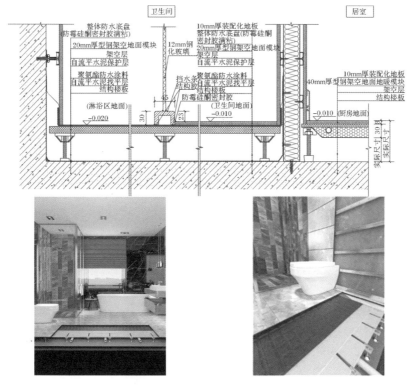

图 6.58　卫生间连接构造节点

图 6.59　一体化防水底盘连接构造

2. 整体卫浴

整体卫浴(图 6.60)是一种固化规格、固化部品的卫浴,是装配化卫浴的特殊形式。整体卫浴采用一体化防水底盘、壁板、顶盖构成的整体框架,并将卫浴洁具、浴室家具、浴屏、浴缸、龙头、花洒、瓷砖配件等都融入一个整体环境中。整体卫浴间的底盘、墙板、天花板、浴缸、洗面台等大都采用 SMC 复合材料、彩钢等制成。整体卫浴间中的卫浴设施均无死角,便于清洁。整体卫浴关键部品和技术特点如表 6.12 所示。

图 6.60　整体卫浴

表 6.12　整体卫浴关键部品和技术特点

名称	图例	特点
顶板 （天花板）		整体卫浴间的顶板也是采用 SMC 材料、彩钢等，一体化成型，主要集成了排风扇和灯具，还预留了给水接口和检修口
壁板 （SMC 彩钢板）		整体卫浴间的壁板是用 SMC 板材或 SMC 板材钢板覆膜板拼接而成，分为面板和加强筋两部分。面板起到防水和表面装饰层的作用，并且预留有孔洞。加强筋用于维持壁板的稳定性和夹持冷热水管道，加强筋与建筑隔墙间的缝隙用于组织管线

续表

名称	图例	特点
门窗洞口		设计整体卫浴时,同样应考虑门位置和开启方式的多样化,结合具体住宅户型设计安装门板。整体卫浴间的门窗洞口和壁板一样,采用的也是SMC材料,设计为一个独立的部分,由门窗框和门板或玻璃面材组成
防水底盘		采用一次模压成型的高密度、高强度、高防水、抗腐蚀、抗老化SMC、蜂窝铝一体化专业整体底盘,没有拼接缝隙并且具有反沿,可杜绝漏水等问题
同层排水		排水横支管布置在排水层或室外,是一种器具排水管不穿越楼层的排水方式
支撑脚找平		整体卫浴在安装之前对地面基层的平整度没有传统装修苛刻,在5 mm以内都可以通过支撑脚的可调性进行找平

整体卫浴的安装分为六个步骤。第一是底盘的安装,使用支撑脚找平处理;第二是龙骨和壁板安装,搭建整体卫浴的结构框架;第三是顶盖和门窗安装;第四是给水管道接驳和电气安装,完成管线的连接;第五是洁具和设备安装,所有板、壁接缝处打密封胶;第六是进行灌水实验,对整体卫浴的防水性进行检查。

6.4.6 装配化厨房系统

装配化厨房部品是由地面、吊顶、墙面、橱柜、厨房设备及管线等通过设计集成、工厂生产、干式工法装配而成的厨房,强调厨房的集成性和功能性,其部品特点如表6.13所示。装配化厨房更突出空间节约、表面易于清洁,排烟高效,墙面颜色丰富、耐油污、减少接缝、易打理。根据装配化厨房的结构形式可分为集成式厨房和整体式厨房。

表6.13 装配化厨房系统部品特点

序号	内容
1	装配化厨房更突出空间节约,表面易于清洁,排烟高效
2	墙面颜色丰富、耐油污,减少接缝、易打理
3	柜体一体化设计,实用性强
4	台面采用石英石,适用性强,耐磨
5	排烟管道暗设在吊顶内

序号	内容
6	采用定制的油烟分离烟机,直排室外,排烟更彻底,无须风道,可节省空间
7	柜体与墙体预埋挂件
8	厨房全部采用干法施工,现场装配率100%
9	吊顶实现快速安装,结构牢固、耐久且平整度高、易于回收

1. 整体式厨房

整体式厨房又称吊装式厨房,在工厂里依靠现代工业设备,在生产线上完成壁板、顶板、底板与橱柜体系等的批量生产,将传统现场湿作业的建造模式转变成工厂制造的生产模式,完成整体厨房的围护结构和整体橱柜等内装部品的生产工序,运至施工现场像搭积木一样直接通过轻钢龙骨与相邻空间连接(图6.61)。整体式厨房模块严格按照工厂的施工流程进行建造,充分考虑防水、给排水、电气及智能化、光环境、通风、安装、收纳等各方面要求,施工质量更有保证,施工效率更高。整体式厨房实现了对厨房的整体设计、整体制造、整体配置、整体安装、整体服务,为客户一次解决了厨房装修的所有问题。目前,整体式厨房由于施工技术要求高等因素,应用较少。

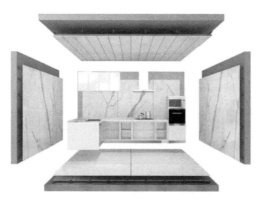

图 6.61　整体式厨房

2. 集成式厨房

集成式厨房是当前使用最广泛的一种建造形式,其将厨房空间的设计、建造工序与整个室内内装系统同步,室内集成墙面、集成吊顶、集成地面的施工工序完成后即形成厨房待装腔体空间,按照前期的内装布置方式和预留设备接口的位置,将工厂化预制好的橱柜、厨电等内装部品运至施工现场拼装,直接与待装腔体进行配合,即可完成集成式厨房的施工(图6.62)。其与住宅整体空间联系较紧密,各围护结构以及设备管道的布局均与住宅体系同时完成,因此,采用这种户内整体施工的形式,可以让各空间的内装工序更连贯、一致(图6.63~图6.65)。

图 6.62 集成式厨房

图 6.63 厨房精细化设计

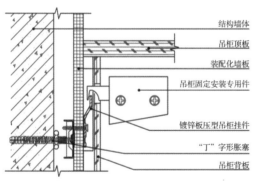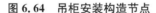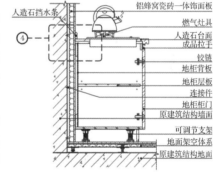

图 6.64 吊柜安装构造节点　　　　图 6.65 地柜安装构造节点

6.4.7 集成收纳系统

随着部品的工业化,以往零星的收纳空间逐渐演变而模块化。集成收纳是由工厂生产、现场装配满足不同套内功能空间分类储藏要求的基本单元。收纳系统体现人性化和精细化设计理念,包括衣柜、餐边柜、电视柜、阳台柜、书柜、玄关柜、橱柜、台盆柜等,如图 6.66～图 6.73 所示。集成收纳设计应综合空间布局、使用需求,充分考虑装饰性、便利性,对物品种类和数量进行设置,其位置、尺度、容积应能满足相应功能需要。应采用标准化、模块化、一体化、多样化、精细化、人性化的设计方式,如图 6.74 所示。

图 6.66　衣柜

图 6.67　餐边柜

图 6.68　电视柜

图 6.69　阳台柜

图 6.70　书柜

图 6.71　玄关柜

图 6.72　橱柜　　　　　　　　　　　图 6.73　台盆柜

图 6.74　精细化、人性化设计

6.4.8　设备与管线系统

设备与管线系统集成设计要求与要点,如表 6.14、表 6.15 所示。

表 6.14　设备与管线系统设计要求

序号	内容
1	集中管道井宜设置在公共区域,并应设置检修口,尺寸应满足管道检修更换的空间要求
2	设备管线应选用耐腐浊、使用寿命长、降噪性能好、便于安装及维修的管材、管件,以及连接可靠、密封性能好的管道阀门设备
3	电线接头宜采用快插式接头
4	电气线路及线盒宜敷设在架空层内,面板、线盒及配电箱等宜与内装部品集成设计
5	强、弱电线路敷设时不应与燃气管线交叉设置;当与给排水管线交叉设置时,应满足电气管线在上的原则

表 6.15　设备与管线系统设计要点

序号		内容
1	集成给水部品	给水管道应选用符合国家卫生标准及使用要求的管材
		生活热水应采用热水型分水器及热水型管材、管件;生活冷水应采用冷水型分水器及冷水型管材、管件,两者不得混用。各类型管道应采用不同颜色加以区分,且户内与户外同类型管线颜色应保持一致。生活冷水管宜用蓝色,生活热水管宜用橘红色,中水管宜用绿色
		生活给水的户用水表至分水器、分水器至用水器具之间;中水的户用水表至用水器具之间设计为整段管道,中间不宜设置接口,以避免接口处渗漏

续表

序号		内容
1	集成给水部品	户用水表至分水器之间的给水管道管径宜为 De25;分水器至用水器具之间给水管道管径宜为 De20;中水管道管径宜为 De20
		与分水器连接的分支接口采用快插式接头,接口连接应满足严密性试验的相关要求。分水器设置在吊顶内,以便于检修
		敷设在架空层内的热水管道应采取相应的保温措施;敷设在架空层内的冷水管道应采取相应的保温防结露措施
		与用水器具连接的内丝弯头应采用专用管件底板,以保证管件间距的标准化
2	薄法同层排水部品	排水立管宜集中布置在公共管井内
		排水方式应采用同层排水;同层排水应进行积水排除设计
		排水管道管件应采用 45°转角管件
		在卫生间以外的洗衣机区域宜设置防水底盘,并采用配套排水接口
3	集成采暖部品	有采暖需求的房间,可在既有的架空模块内集成配置采暖管,实现采暖功能,架空模块下也可走水电管线。设计模块时,一个户型内采暖回路不宜超过五路,尽量保证每个回路之间的长度接近(单路最长不得超过 120 m);同一采暖回路中,复合地暖模块的排布需保证采暖管能串联衔接
		从户用计量表至分集水器之间供暖主管道管径宜为 De25;单独一路加热管道管径宜为 De16
		卫生间供暖宜采用壁挂式散热器,应设计为单独一路,并应设置自力式恒温阀

1. 集成给水

集成给水(图 6.75)是按照集成化理念,对建筑管道系统进行标准化设计、工厂化组装、模块化安装的一种新型绿色给水管道系统。其具有以下特点:分水器与用水点之间整根水管采用定制方式,无接头;快装给水系统通过分水器并联支管,出水更均衡;水管之间采用快插承压接头,连接可靠,且安装效率高;水管分色和唯一标签易于识别。

图 6.75　集成给水系统

常见的集成给水部品为铝塑复合管快装部品(表 6.16),具体由卡压式铝塑复合给水管、分水器、专用水管加固板、水管卡座、水管防结露部件等构成。给水管的连接是给水系统的关键,要能够承受高温高压并保证 15 年寿命期内无渗漏,尽可能减少连接接头,采用分水器装置并将水管并联(表 6.17、图 6.76)。

表 6.16 铝塑复合管集成给水系统部品构成

序号	内容
1	卡压式铝塑复合给水管是指将定尺的铝塑管在工厂中安装卡压件,水管按照使用功能分为冷水管、热水管、中水管,出于防呆防错的考虑,分别按照白色、红色、绿色进行分色应用
2	水管卡座根据使用部位的不同可分为座卡和扣卡
3	使用橡塑保温管防止水管结露
4	给水管的连接是给水系统的关键,要能够承受高温、高压并保证 15 年寿命期内无渗透,尽可能减少连接接头,采用分水器装置并将水管并联
5	为快速定位给水管出水口位置,设置专用水管加固板,根据应用部位细分为水管加固双头平板、水管加固单头平板、水管加固 U 形平板

表 6.17 集成给水系统安装工法

序号	步骤	内容
1	定位	按照图纸弹好水管线路,安装固定卡
2	安装	安装管道出墙位置带座弯头预埋板,安装管道,固定带座弯头;安装连接件
3	连接	根据管道走线把入户管道安装固定至给水管道井内。确认好连接位置,安装内丝活接卡压件,并接入管井至分水器内
4	打压试验	试验压力并报屏蔽检验验收

图 6.76 集成给水系统安装过程

2. 薄法同层排水

薄法同层排水系统(图 6.77)与架空地面相融合,在架空层布置排水管,能够在 130 mm 的空间实现同层排水;同排采用排水管胶圈承插专用支撑件顺势排到公区管井,

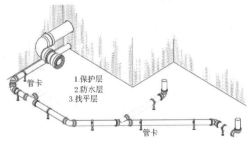

图 6.77 薄法同层排水

相对于下排提升了用户体验,规避了噪音、漏水的麻烦;承插式构造比传统胶粘可靠性高;地漏、整体防水底盘与排水口之间形成机械连接,从技术上解决了漏水的问题。同层排放地漏其水封大于 50 mm,具有能拦截毛发和大部分垃圾,便于清洁和疏通堵塞的优点(表 6.18、图 6.78)。

表 6.18　薄法排水系统安装工法

序号	步骤	内容
1	确认	确认排水立管符合施工图纸要求,确认支管连接口位置
2	定位	定位排水点位(地漏),并根据图纸画好排水管线位置;排水支管支架定位
3	装配连接	摆放好连接部件,安装排水支管支架,测量管道距离,连接排水末端(地漏),连接管道并调整水平高度
4	闭水试验	用闭水气囊封堵管道进行闭水试验,确认无渗漏后报施工监理或质检进行屏蔽验收

 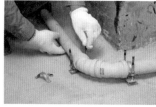 

图 6.78　薄法排水系统安装过程

3. 集成采暖

集成采暖(图 6.79)是基于装配化架空地面的进一步集成,通过在装配化架空地面部品的模块结构中增加采暖管和保温隔热的挤塑板,实现高散热率的地暖地面,形成型钢复合地暖模块。集成采暖散热率高,其中,硅酸钙板平衡板导热性达到 85% 以上。集成采暖安装快捷,安装时固定地脚、盘管、盖板、调平四步操作简单易行;且易于维护,随着使用时间延长采暖管内沉积了水垢,可以拆下水管清洗或更换,相比其他地暖系统具有快拆快装优势。集成采暖可以应用于一切以水暖为热源的干式地暖建筑中。

图 6.79　集成采暖

7 工程案例

本章给出了三个装配式建筑案例,建筑类型涵盖居住建筑、办公建筑、展馆。主要从建筑设计理念及设计方法,标准化、模块化及多样化设计,外表皮设计,智能化设计,绿色设计,装配式装修设计等方面进行阐述。

7.1 南京江北新区人才公寓项目3♯楼

7.1.1 工程概况

南京江北新区人才公寓项目位于南京市浦口区顶山街道吉庆路以东、现状河道以南、珍珠南路以西、迎江路以北,项目总平面如图7.1所示。3♯楼采用装配式组合结构(装配式钢框架+现浇混凝土剪力墙结构),建筑效果如图7.2所示,图7.3给出了标准层建筑平面图,图7.4给出了首层建筑平面图。该项目地下一层,地上29层,层高3.3 m,结构高度94.2 m,建筑面积2.28万 m^2。

图7.1 项目总平面图　　　　图7.2 建筑效果图

项目预制装配率达到82.72%,表7.1给出了本项目装配式技术配置情况,表7.2给出了本项目预制装配率具体计算情况。

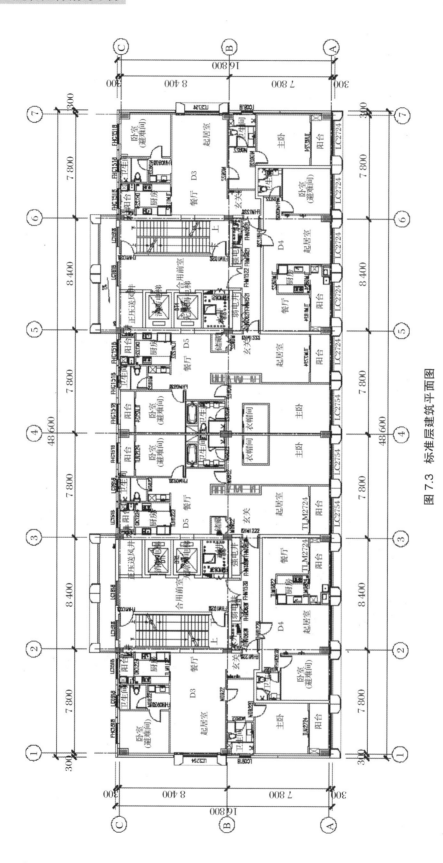

图 7.3 标准层建筑平面图

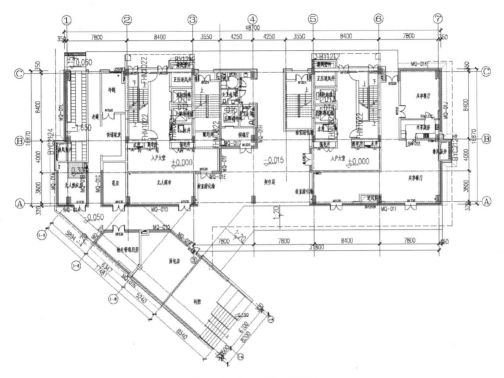

图 7.4 首层建筑平面图

表 7.1 技术配置情况

系统分类		技术配置选项
主体结构	竖向构件	钢管混凝土柱
	水平构件	钢梁
		钢筋桁架楼承板
围护墙和内隔墙	外围护构件	预制混凝土外挂墙板
		GRC 单元式幕墙
	内隔墙构件	轻钢龙骨石膏板隔墙
		钢筋陶粒混凝土轻质墙板
装修和设备管线		全装修
		集成式卫生间
		集成式厨房
		楼地面干式铺装
		管线分离

表7.2 预制装配率计算

技术配置选项		项目实施情况	长度或面积	对应部分总长度或面积	比例	权重		$\alpha_i Z_i$
主体结构	型钢柱	1～29层	0	978 m	67.76%	0.7	0.45	29.87%
	钢管混凝土柱	1～29层	1 467 m	1 467 m				
	合计		1 467 m	2 445 m				
	钢梁	2～29层	8 493 m	9 735 m				
	剪力墙	1～29层	0	8 359 m²	63.15%	0.3		
	钢筋桁架叠合板	2～29层	19 066 m²	20 615 m²				
	预制混凝土楼梯	1～29层	0	1 218 m²				
	合计		19 066 m²	30 192 m²				
外围护和内隔墙	单元式幕墙	1～29层	8 760 m²	8 760 m²	98.70%	0.25		24.67%
	轻钢龙骨石膏板隔墙	1～29层	24 613 m²	25 054 m²				
	合计		33 373 m²	33 814 m²				
装修和设备管线	全装修	1～29层			100%	0.35	0.3	28.17%
	集成式厨房	2～29层	786 m²	786 m²	100%	0.25		
	集成式卫生间	2～29层	1 982 m²	1 982 m²				
	合计		2 768 m²	2 768 m²				
	楼地面干式铺装	1～29层	11 545 m²	13 444 m²	85.88%	0.3		
	管线分离	1～29层	13 970 m²	17 150 m²	81.46%	0.1		
预制装配率								82.72%

注:计算依据《江苏省装配式建筑综合评定标准》(DB32/T 3753—2020)

7.1.2 建筑设计

平面轴线尺寸取 7.8 m 为基本模数,围绕标准化核心筒布置多变户型,如图 7.5 所示。户型内部以 3 为模数进行空间划分,利用轻钢龙骨轻质隔墙、管线分离、架空楼面等 SI 内装体系灵活布置户型,提供多种可能性。竖向功能上打造集住宅、展示、办公、会议、健康服务、空中花园等于一体的居住综合体。左右核心筒均满足自然采光通风要求,设置垂直健身跑道,在第 13、23 层通过空中花园互相联通,在楼栋内提供健身场所。建筑功能分区及效果图如图 7.6 所示。

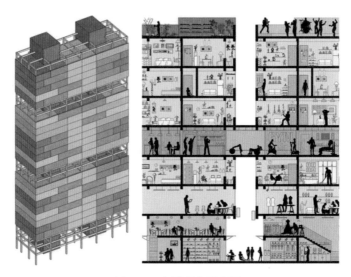

图 7.5 户型可变示意图

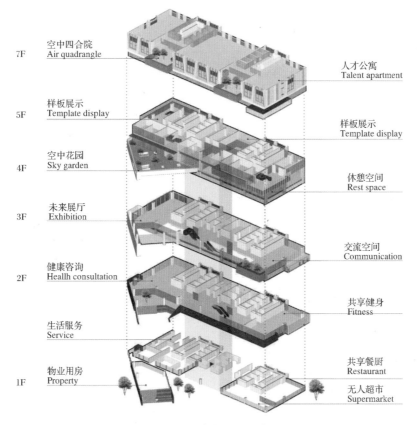

	空中四合院 Air quadrangle		人才公寓 Talent apartment
7F			
5F	样板展示 Template display		样板展示 Template display
4F	空中花园 Sky garden		休憩空间 Rest space
3F	未来展厅 Exhibition		交流空间 Communication
2F	健康咨询 Heallh consultation		共享健身 Fitness
	生活服务 Service		共享餐厨 Restaurant
1F	物业用房 Property		无人超市 Supermarket

图 7.6 建筑功能分区及效果图

1. 平面模块化设计

采用建筑平面模块化设计,高层以 8 种户型拼接(表 7.3),组合成 4 种单元形式(图 7.7、图 7.8)。

表 7.3 户型概况

户型	套型	套内面积/m²	建筑面积/m²	公摊面积/m²
D1	四室两厅三卫	152.52	207.17	46.69
D2	三室两厅三卫	155.29	206.57	46.56
D3	两室两厅两卫	110.95	150.29	33.87
D4	两室一厅一卫	68.4	92.91	20.94
D5	两室两厅两卫	128.46	170.54	38.44
D6	四室两厅三卫	184.18	281.64	93.25
D7	两室两厅三卫	132.19	178.73	40.28
D8	一室一厅一卫	47.15	64.47	14.53

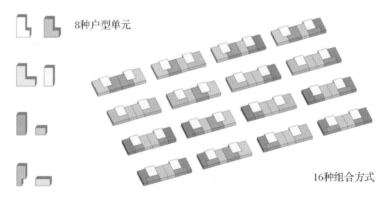

图 7.7 户型模块划分

图 7.8 不同户型的组合方式

2. 立面模块化设计

南立面设计为一个多功能表皮系统,实现保温(高性能玻璃幕墙)、采光(南向大窗墙比)、通风(开启率 35％以上)、遮阳(GRC 构件水平和垂直综合遮阳),以及太阳能光伏薄膜一体化五大功能集成。通过工业化的处理手法,使用标准化 GRC 模块与标准化玻璃幕墙组合构件,构件尺寸模数化,以两层为一个基本单元模块进行拼接,如图 7.9 所示。

东西山墙以预制混凝土外挂墙板为主,插入南立面的标准化 GRC 模块与标准化玻璃幕墙组合构件。预制混凝土外挂墙板竖向高度均为 3 275 mm,板宽分为 3 962 mm、4 380 mm 两种。墙板总厚度为 150 mm,墙板板身采用凹凸处理,120 mm＋30 mm 板厚相互间隔分布,凹凸部分采用不同质感外墙涂料。

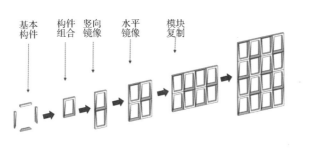

图 7.9　南立面 GRC 单元幕墙

北立面墙板采用墙板-外窗一体化设计,墙板拆分后高度均为 3 275 mm,合计三种板宽:2 975 mm、2 400 mm、2 663 mm。北侧墙板板厚 150 mm。根据外窗位置在板面开槽(开槽尺寸 20 mm×20 mm),对墙板进行分隔,并根据立面效果涂抹涂料。

3. 集成化核心筒设计

采用集成化核心筒,将本栋所有竖向管线系统(水、电、通风、新风等)全部集成于核心筒周围,套内仅设横向管线,便于套型的重新调整组合(图 7.10～7.12)。同时,核心筒开间宽度与住宅部分协调一致,保证外墙板的模数统一协调。项目以 7.8 M 为基本模数,将厨房、

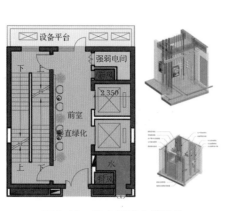

图 7.10　集成化核心筒设计

图 7.11　电气管线布置

图 7.12　给排水和暖通管线布置

卫生间与次卧组成标准厨卫组合模块,分别在四种户型中应用,形成标准化、模块化设计。

7.1.3 主体结构设计

本项目为百年居住建筑,与设计年限 50 年的住宅相比,百年住宅需要调整以下参数:① 根据《建筑结构可靠性设计统一标准》(GB 50068)第 8.2.8 条,结构重要性系数应取 1.1;② 根据《建筑抗震设计规范》(GB 50011)第 3.10.3 条条文说明中给出的调整系数进行地震力的调整,放大 1.3～1.4 倍;③《建筑结构荷载规范》(GB 50009)中根据活荷载按设计使用年限定义的标准值与按设计基准期 T(50 年)定义的标准值具有相同概率分布的分位值的原则,来确定活荷载考虑设计使用年限的调整系数,并给出了考虑设计使用年限 100 年时的调整系数取 1.1;④ 基本雪压与基本风压均按《建筑结构荷载规范》(GB 50009)中 100 年重现期取值;⑤ 根据《混凝土结构设计规范》(GB 50010),设计使用年限为 100 年时,混凝土保护层厚度与 50 年相比应相应提高 40%。综上,百年居住建筑设计参数汇总如表 7.4 所示。

表 7.4 百年住宅主要设计参数

参数指标	设计使用年限 50 年	设计使用年限 100 年
钢筋保护层厚度	二 a 类环境下,墙和板保护层厚度取 20 mm,梁和柱保护层厚度取 25 mm	设计使用年限 50 年时的 1.4 倍;a 类环境下,墙和板保护层厚度取 28 mm,梁和柱保护层厚度取 35 mm
活荷载取值	设计使用年限调整系数取 1.0	设计使用年限调整系数取 1.1
地震作用取值	全楼地震作用放大系数取 1.0	全楼地震作用放大系数取 1.4
基本风压	0.4 kN/m²	0.45 kN/m²
基本雪压	0.65 kN/m²	0.75 kN/m²

核心筒剪力墙采用现浇钢筋混凝土剪力墙;基础采用桩筏基础;柱采用矩形钢管混凝土柱和型钢混凝土柱;钢梁采用焊接 H 型钢梁,采用悬臂梁段栓焊刚接连接方式,必要时为实现"强柱弱梁",可采取加焊盖板和狗骨式梁端连接等措施。H 型钢梁之间刚接,采用栓焊刚接连接方式。采用矩形钢管混凝土刚接柱脚。结构三维模型如图 7.13 所示,标准层平面布置如图 7.14 所示。

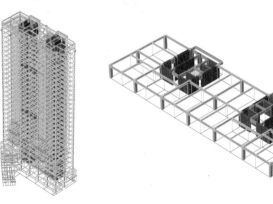

图 7.13 结构三维模型

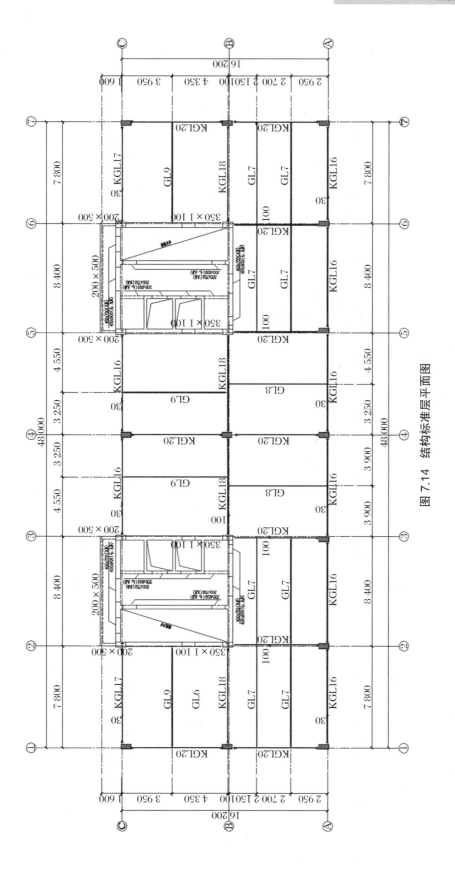

图 7.14 结构标准层平面图

7.1.4 围护结构设计

项目北立面及两侧山墙外围护结构采用预制混凝土外挂墙板,如图7.15所示。

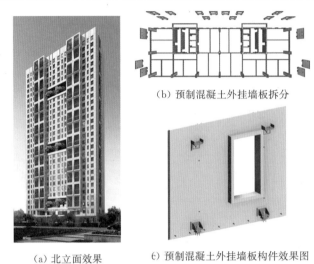

（a）北立面效果

（b）预制混凝土外挂墙板拆分

（c）预制混凝土外挂墙板构件效果图

图7.15 北立面及东西山墙预制混凝土外挂墙板

某预制混凝土外挂墙板大样如图7.16所示。

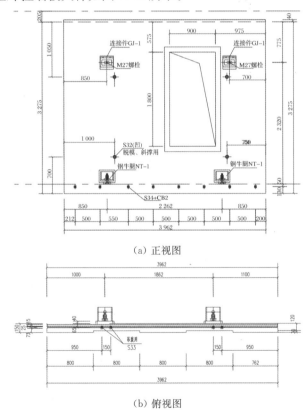

（a）正视图

（b）俯视图

图7.16 预制混凝土外挂墙板大样

　　预制混凝土外挂墙板的运动模式可按照表7.5进行选择,但同时还需考虑建筑使用功能的需求。本项目为公寓,考虑防水、隔声、防烟等问题选用平移式预制混凝土外挂墙板。

表 7.5　运动模式选择原则

运动模式	选择原则
平移式	外挂墙板适用于整间板,适合板宽大于板高的情况
旋转式	外挂墙板适用于整间板和竖条板,适合板宽不大于板高的情况
固定式	外挂墙板适用于横条板和装饰板

　　平移式预制混凝土外挂墙板与主体结构钢梁连接分为承重节点和非承重节点。上节点为非承重节点,其连接构造如图7.17所示,该构造实现了预制混凝土外挂墙板上部节点与主体结构之间能够发生相对位移的效果;通过槽钢与角钢实现了预制混凝土外挂墙板与主体钢梁有效的连接,避免了在主体钢梁翼缘上开洞,削弱钢梁的承载能力。下节点为承重节点,连接构造如图7.18所示。该构造实现了预制混凝土外挂墙板与钢梁的铰接,节点具有承重功能的同时能够保持与主体结构一致的变形。墙板下端和楼板之间的缝隙后期可采用水泥砂浆填实,上下户之间的防水、隔声、防烟问题均可得到有效解决。

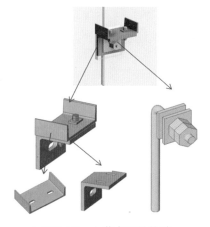 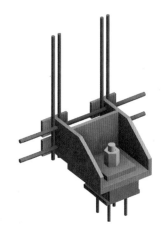

图 7.17　上节点连接构造　　　　图 7.18　下节点连接构造

　　结构南立面GRC外墙采用工业化薄膜太阳能光伏表皮(图7.19),具体尺寸如图7.20所示。独特的立面形成了高效的遮阳体系,夏季利用太阳高度角较高的特点,将大部分阳光反射出去,冬季利用太阳高度角较低的特点将大部分阳光引入室内。整栋建筑太阳能板面积约为 1 000 m^2,能有效减少每栋公寓的能源消耗。

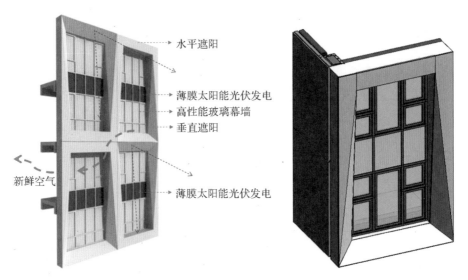

图 7.19　太阳能光伏发电一体化设计

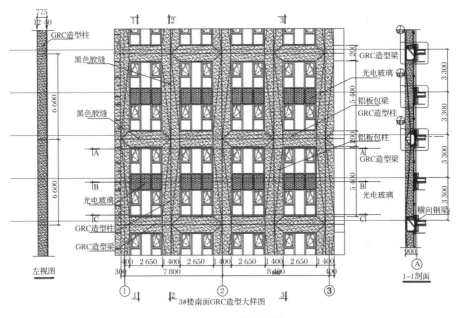

图 7.20　GRC 幕墙大样图

7.1.5　装配化装修设计

依据住区总体设计原则,采用装配式装修建造体系(CSI 体系),从而达到百年住宅建造要求。墙面、顶面、地面装饰面与主体结构分离,实现可变、可更换;管线系统与主体结构分离,实现管线技术可持续改造。内装 CSI 体系如图 7.21 所示。

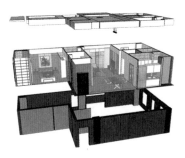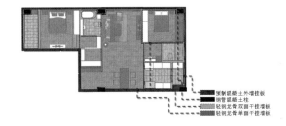

图 7.21　内装 CSI 体系

1. 架空地板

采用架空地板,可以根据需要不时地改变电缆和导线布置系统,减少综合布线的建筑结构预埋线管。地脚支撑定制模块,架空层内布置水暖电管,地脚螺栓调平,对 0～50 mm 楼面偏差有较强适应性。架空地板布置如图 7.22 所示。

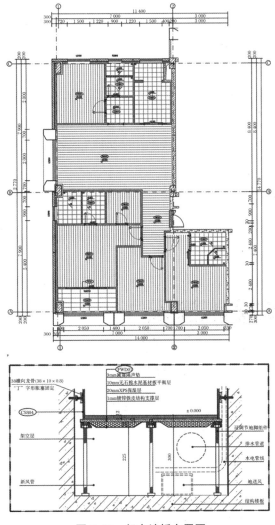

图 7.22　架空地板布置图

2. 装配式吊顶

吊顶布置如图 7.23 所示,采用自饰面复合吊顶(图 7.24),具有良好的装饰效果和较好的吸音性能。

3. 轻质快装集成墙体

内隔墙采用 90 厚轻质硅酸钙复合保温墙板,分户墙采用 200 厚硅酸钙复合保温墙板,满足隔音、保温性能要求,同时空腔可集成管线,易于更换维修,如图 7.25 所示。

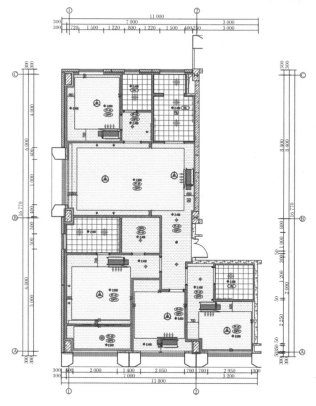

图 7.23 集成吊顶布置图

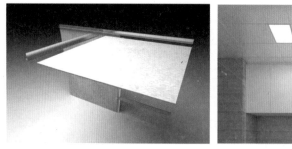

图 7.24 自饰面复合吊顶示意图

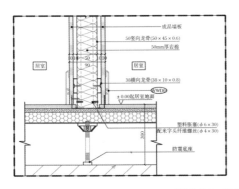

图 7.25 轻质隔墙

4. 集成式卫生间

采用集成式卫生间(图 7.26),薄法同层排水系统。卫生间降板高度仅为150 mm,采用整体防水底盘,薄法同层侧排地漏(图 7.27)。在架空地面下布置排水管,与其他房间无高差。

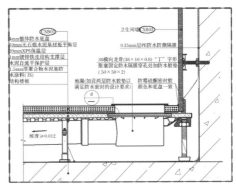

图 7.26 集成卫生间   图 7.27 地漏排水大样

5. 集成式厨房

采用集成厨房模块(图 7.28),标准化的橱柜系统(图 7.29),实现操作、储藏等不同功能的统一协作,使其达到功能的完备与空间的美观。

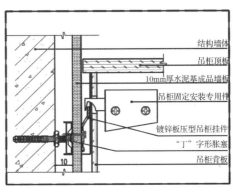

图 7.28 集成厨房   图 7.29 厨房吊柜固定件大样

7.1.6 BIM 技术应用

项目采用 BIM 技术作为"设计—建造—交付"EPC 项目全过程管理的工具,致力于提升设计管理能力,控制建设全过程成本,数字化交付建设成果。为了保证项目工期、提升项目质量,本工程将在设计与施工阶段进行 BIM 建模及 BIM 技术应用,完成土建、钢结构、机电、幕墙等专业建模及模型整合,对施工过程中的深化设计、施工进度、资源管理等各类信息进行补充,最终形成竣工 BIM 模型。

1. BIM 在设计阶段的应用

在设计阶段,通过确定建筑的外立面方案及装饰材料,结合立面方案和墙板组合设计方案,实现需要的立面效果,并反映在 BIM 技术的立面效果图上。在预制的墙板构件上考虑电气专业的强、弱电箱和预埋管线、开关点位的技术方案。同时,装修设计也需要提供详细的设施布置图。在 BIM 技术的数据模型中进行碰撞检查,从而确定布置方案的可行性。根据 BIM 技术数据模型中提供的经济性信息,初步评估并分析建造成本对技术方案的影响,并确定最终的技术路线。本项目依托 BIM 平台在设计阶段采用如表 7.6 所示的技术路线。

表 7.6 设计阶段 BIM 工作内容及交付成果

BIM 工作内容	BIM 交付成果
设计模型搭建	BIM 模型
建筑性能分析	性能分析报告
碰撞检测	碰撞问题报告
设计优化	优化报告
工程量统计	设计工程量清单
预制装配率计算	预制装配率计算书
预制构件深化建模	预制件碰撞检测报告
虚拟漫游	VR 漫游
多媒体展示	动画视频

2. BIM 在施工阶段的应用

本项目采用设计—采购—施工总承包管理模式,将工程建设的全过程连接成完整的、一体化的产业链,形成设计、生产、施工和管理一体化,使资源优化、整体效益最大化。信息管理手段的核心是实现工程管理信息化。本项目建立了基于网络的信息管理平台,对施工进度进行模拟,同时与现场的实际进度进行比较,针对进度滞后的施工段,通过增加人工、设备等方法,保证工期目标的实现。施工阶段 BIM 的主要工作内容如表 7.7 所示。

表 7.7 施工阶段 BIM 工作内容及交付成果

阶段	BIM 工作内容	BIM 交付成果
施工准备	施工场地优化	施工场地布置模型
施工阶段	BIM 工程交底	工程交底记录
	施工深(优)化设计	深(优)化设计模型
	施工方案模拟	施工方案模拟动画
	施工节点资源库搭建	节点资源库
	BIM 协调会议	BIM 协调会议纪要
	工程进度模拟	进度模拟动画
	工程造价控制	工程造价模型
竣工阶段	竣工模型	竣工交付模型

施工前应用 BIM 技术进行场地综合平面布置,采用建筑三维模型结合施工现场模型,立体展现施工现场布置情况,合理进行施工平面布置和施工交通组织。通过优化布局,合理分配空间,将办公区和生活区合理分割。

BIM 模型导出的物料文件需包含每个构件的详细物料信息,并且统计单位和采购单位一致,与 ERP 系统对接,用于项目物料管理。物料文件包含项目名称、合同编号、楼栋号、楼层号、构件物料编码、名称、轮廓尺寸、重量等基本信息,用于包装和运输环节。通过 BIM 技术追踪每一块预制构件的编码信息,明确实时的生产、装车、运输信息,构件装配过程中共享产品的设计、生产、运输信息,实现信息化的装配过程。

3. 基于 BIM 的成本精细化管理

建立 BIM 模型,将施工中所需的数据进行收集、采纳、存储,再关联时间维度(4D)形成 BIM 4D 进度管理模型,配合相关的 BIM 软件对项目进行进度施工模拟,合理制订施工计划,精确掌握施工进程,优化使用施工资源以及科学地进行场地布置,对整个工程的施工进度、资源和质量进行统一管理和控制,准确计算出每个工序、每个工区、每个时间节点段的工程量。按照企业定额进行分析,及时计算出各个阶段每个构件的中标单价和施工成本的对应关系,实现项目成本的精细化管理。同时根据施工进度进行及时统计分析,实现成本的动态管理。

7.1.7 现场施工

图 7.30~图 7.35 为项目现场施工照片。

图 7.30　主体结构

图 7.31　钢梁与方钢管混凝土柱连接节点

图 7.32　主次梁连接节点

图 7.33　钢梁与混凝土核心筒连接节点

图 7.34 钢筋桁架楼承板

图 7.35 预制混凝土外挂墙板

7.1.8 工程总结与思考

南京江北人才公寓项目 3♯楼为百年居住建筑,采用长寿命主体结构和外墙体系、大空间技术、SI 建造体系,达到百年住宅技术要求。主体结构采用钢框架-混凝土核心筒结构。核心筒剪力墙为现场浇筑,框架柱为方钢管混凝土柱,楼板、阳台采用钢筋桁架楼承板,框架梁为工字型钢梁,外围护构件采用 GRC 幕墙和预制混凝土外挂墙板,内围护构件采用分户墙,楼电梯间墙采用陶粒混凝土墙板,其他内墙采用轻钢龙骨轻质填充墙。

项目综合运用了工业化建造技术、绿色健康技术、科技智慧技术、可变建造技术、建筑太阳能光伏发电一体化技术等。建筑方案通过平面标准化、户型标准化、立面标准化等设计手法,最大限度地提高效率、降低成本,充分发挥工业化建造建筑的优势,结构设计从全生命周期出发,在结构布置中考虑适应使用年限内功能的变化,同时在用材方面考虑绿色低碳,并保证结构安全性能和主体耐久性。

7.2 上海宝业中心

7.2.1 工程概况

上海宝业中心位于长三角城市群核心、世界级交通枢纽虹桥商务区核心区,作为建筑工业化领军企业宝业集团的科创中心,从项目策划到建成运营,集成应用了大量建造领域的最先进技术(图 7.36)。

图 7.36 上海宝业中心

项目总建筑面积 25 000 m²,品字形布局的三栋建筑主体通过连廊连接,办公空间、休闲配套、屋顶花园、园林景观相得益彰。外墙集成采用单元式 GRC 外墙系统,地下空间采用预制叠合板剪力墙结构;运维集成一系列建筑环保节能技术,如区域能源三联供、太阳能光热、智慧楼宇系统等多项领先科技。

7.2.2 建筑设计

1. 设计理念

设计的整体布局概念来源于宝业集团以建筑施工、房地产开发与住宅产业化三大业务组成的产业构架,将建筑群以品字形的三个体量相互连接形成。设计造型的概念来源于宝业集团创建时的老照片中的杨汛大桥,提取其中桥与水的元素,将桥与水的关系巧妙抽取并置换,形成建筑空间的基本构架(图 7.37)。

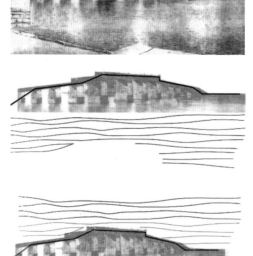

图 7.37 设计理念

2. 设计方法

L 形基地的周界首先在最大化限度贴满的情况下拉伸起 4 层体积以满足面积要求。其次根据西面入口、东南面公园和北面绿地对体量边界进行挤压,增长功能使用面积,形成三个各自独立又相互顶角的庭院。这三个庭院被塑造出不同的性格:中心庭院作为人流汇聚点最为开放,也是公众活动集中的场所;南面的庭院联系中心庭院和东侧的公园,是半开放的景观庭院;北侧的庭院是由建筑围合的水院,为办公提供静谧的场所。对体量的边界进行挤压的同时也形成了三个向外敞开的"开口"。几条被挤压的边碰撞在一起,发生了质的改变:内部流线与室外空间在中心庭院发生重叠,这也是在场地众多限制条件下功能与形态之间谈判的平衡。

形态在打开三个开口后,自然而然地形成环抱的姿态引入人流,人流在中央庭院汇聚后又可分别进入三栋建筑。同时,三条抬高的空中连廊一方面满足流线组织的需要,人们可以通过连廊在不同庭院和建筑体量、在不同层高和室内外之间游走;另一方面,空中连廊也起到压低空间的作用,当人流从室外通过三个敞开的开口经过连廊到达中心庭院,经历了一个开敞—压低—再开敞的空间序列,这样的一种序列给了人们一直进入场地的心理暗示,同时先抑后扬的空间序列也在有限的空间中创造出更丰富的体验。在此,形态、流线与空间序列是高度统一的,以形态几何激发流线、空间与功能使用之间动态的关系。设计方法示意如图 7.38 所示,A 楼建筑各层平面图如图 7.39 所示。

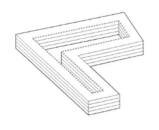

(a) 根据场地边界线塑造出 L 形体量,楼高四层。由于宽度为 12 m,中间形成一个大庭院空间。

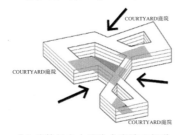

(b) 将体量向内错位令庭院空间分成三个区域,形成三个庭院。

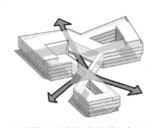

(c) 将体量错位部分抬高,令地面层交通能够贯穿。

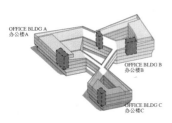

(d) 抬高部分形成连桥,将三座四层高的办公楼连接起来。三个核心筒分别跟不同广场连接,将人流交通分散至不同区域。

(e) 屋顶设计成绿化空间。立面设计以遮阳屏板做原体,根据自然光对室内的影响使屏板斜度作相对改变。

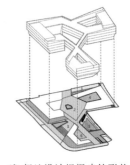

(f) 场地设计根据建筑形状设计成六个不同的庭院空间。

图 7.38 设计方法示意图

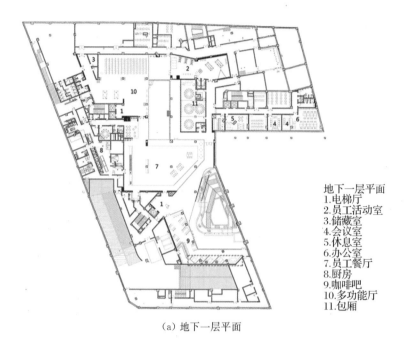

地下一层平面
1.电梯厅
2.员工活动室
3.储藏室
4.会议室
5.休息室
6.办公室
7.员工餐厅
8.厨房
9.咖啡吧
10.多功能厅
11.包厢

（a）地下一层平面

A楼一层平面
1.大堂
2.贵宾接待室
3.会议室
4.储藏室
5.卫生间
6.电梯厅
7.茶水间

（b）一层平面

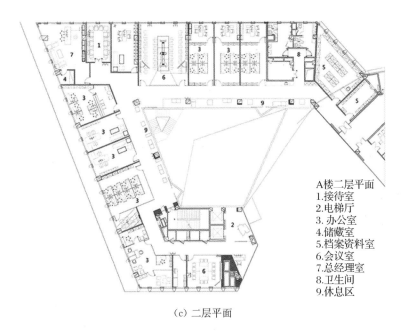

A楼二层平面
1.接待室
2.电梯厅
3.办公室
4.储藏室
5.档案资料室
6.会议室
7.总经理室
8.卫生间
9.休息区

（c）二层平面

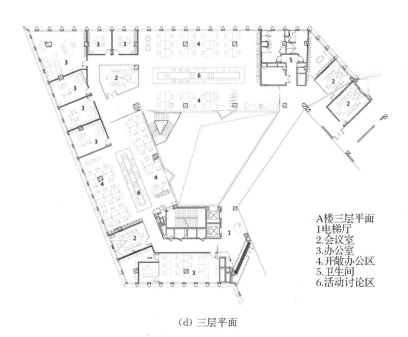

A楼三层平面
1.电梯厅
2.会议室
3.办公室
4.开敞办公区
5.卫生间
6.活动讨论区

（d）三层平面

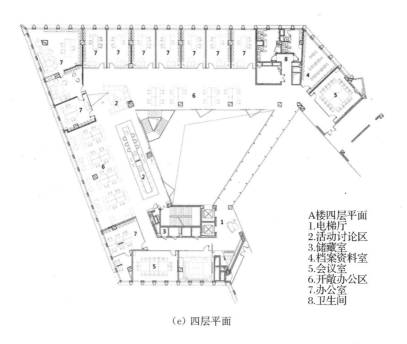

A楼四层平面
1.电梯厅
2.活动讨论区
3.储藏室
4.档案资料室
5.会议室
6.开敞办公区
7.办公室
8.卫生间

（e）四层平面

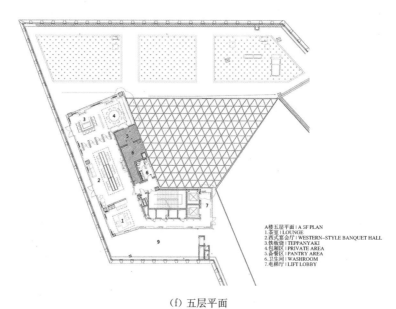

A楼五层平面 | A 5F PLAN
1.茶室 | LOUNGE
2.西式宴会厅 | WESTERN-STYLE BANQUET HALL
3.铁板烧 | TEPPANYAKI
4.包厢区 | PRIVATE AREA
5.备餐区 | PANTRY AREA
6.卫生间 | WASHROOM
7.电梯厅 | LIFT LOBBY

（f）五层平面

图 7.39　A栋楼各层平面图

7.2.3 围护结构设计

项目的立面设计也是对当代办公楼单一化立面设计的一个突破。当代办公楼往往在"面积效率"的法则统领下,以标准层平面和立面在垂直方向堆叠形成。而项目除了游走性平面外,立面设计以模块化的遮阳屏板组成,屏板水平向的渐变赋予了立面流动性,和空中连廊一起形成桥与水的意象。这些不同斜度的屏板也改变了窗户的高度,控制室内空间的采光。项目根据每个窗户所在的位置结合阳光倾斜的角度,对每个窗框的倾斜度都作了设计,再通过 BIM 模型测算(图 7.40),计算出每一块窗户应该开多大的口才能使室内室外的温度交互与节能减排的效果最好,因而宝业中心的每个窗户都不一样,如图 7.41 所示。

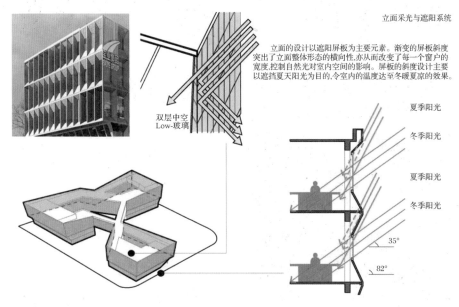

立面采光与遮阳系统

立面的设计以遮阳屏板为主要元素。渐变的屏板斜度突出了立面整体形态的横向性,亦从而改变了每一个窗户的宽度,控制自然光对室内空间的影响。屏板的斜度设计主要以遮挡夏天阳光为目的,令室内的温度达至冬暖夏凉的效果。

双层中空Low-玻璃

夏季阳光
冬季阳光

夏季阳光
冬季阳光

35°
82°

图 7.40 GRC 外墙遮阳测算

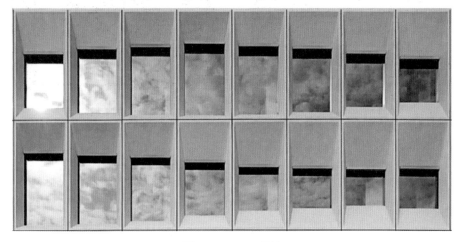

图 7.41 GRC 外墙

幕墙屏板由 GRC 材料制成,整个幕墙上,屏板多达千个,运用数字化算法对单元格进行逻辑分析形成幕墙优化方案,使得最终用 26 种单元屏板就能形成整体立面上的变化,并贯穿幕墙施工深化和施工过程。每个屏板都是集外围护、采光、遮阳、通风、夜景照明为一体的立面构件,先在工厂里预制组装,然后将组装好的屏板运输到现场吊装装配(图 7.42)。在对幕墙进行装配式建造之前,还将 4 个 1∶1 大小的 mock up 屏板露天放置,风吹日晒整整两年,对其清洁度和精密度能够长期保持很高的水准进行了实验验证。

图 7.42 GRC 外墙现场安装

7.2.4 室内空间及装修设计

入口大堂(图 7.43)是顶部有采光的四层通高空间,连着一部分会议室和展厅。设计以营造一个充满阳光与生命力的室内庭院为概念,围绕中庭空间设置了 5 条"巷道",将一个大的平面空间分为 6 个由会议室、展厅和绿植围合成的空间小单元,每个巷道尽端对着建筑的 GRC 窗户单元,将户外景观映入室内空间。

中庭通高空间(图7.44)三个界面使用透明玻璃,每层间隔着悬挑三角形露台,员工可以在工作之余到露台上休憩。结合位于中庭两侧的绿色树木和花草,阳光从顶部三角形网格采光顶照下来,创造了仿佛置身于充满活力的室外庭院的体验。这些原本在室外的元素被引入室内,模糊了室内外的边界,室内设计也结合在整体的建筑之美中。

图7.43 充满阳光的入口大堂

图7.44 顶部采光的四层通高空间

在中庭尽端,是连接一层到四层的极具雕塑感的木楼梯(图7.45)。木楼梯作为交通流线的灵魂,将所有空间连接激活,成为独立于办公空间之外,人们乐于游弋其中的独特空间。

图7.45 雕塑般的木楼梯

公共走道的区域(图7.46)以现代感强的深灰色作为主色调,而在会议室相对私密的走道以木质材质为主,形成了空间的包裹感受,对不同区域空间进行了区分。

图7.46 一层公共走道

图7.47 一层会议室

会议区域的界面,通电玻璃成为隔断的最佳选择(图 7.47)。该材料通电时呈透明状态,断电的状态下呈现灰白不透明的磨砂效果。这样既保证了采光及空间内视觉的统一性,又给使用者提供了极大的便利。

二层至四层是核心办公区域(图 7.48、图 7.49),其设计以建造和工业感为线索,引入美时家具 Avail Open Office Story 开放式办公理念,在空间设计中以上海这座大都市的城市天际线为设计元素,同时工业化的设计让办公空间体现出建造行业龙头企业的特性。

图 7.48　上海城市天际线墙面

图 7.49　核心办公区域

自从 Bloomberg 纽约总部办公楼首次应用开敞办公,极大提高单间办公模式的效率后,办公楼的高面积效率以及高"出房率"一直是办公楼设计的重要法则。开放式办公区两侧靠近窗户的区域保留了建筑的混凝土裸顶,使得空间适合作为对高度有一定需求的开敞办公,合理利用了原有建筑布局。在不破坏原有建筑外部意象的同时,室内空间设计很好地表现了主题。南侧的开放式办公区同样采用一半吊顶一半裸顶的方法,吊顶面的材料使用了更具有实验性的透光混凝土,把工业材料和光结合在一起,形成了独特的空间效果(图 7.50~图 7.53)。

图 7.50　办公、茶歇和交流区

图 7.51　开放式办公空间

图 7.52　私密和开放空间相得益彰　　　　图 7.53　核心办公层

7.2.5　工程总结与思考

　　上海宝业中心是上海虹桥新中心商务区二期开发的一部分,位于上海市西部高速发展区。场地位于公路、铁路和航运交通的交会点,也是人们在高铁上从南面进入虹桥火车站前能看到的最后一座建筑,这赋予了项目重要的城市空间的地位。工程项目的挑战之处在于:场地形状由城市规划的两块绿地挤压成了 L 形;场地的东面、南面和西面要求60%的建筑红线贴线率;场地北面紧邻一条 24 m 高横跨而过的高架公路;同时建筑容积率不得超过 1.60,建筑高度不超过 24 m。面对这些条件,设计在以下 3 个方面实现了突破:① 对场地限制条件的突破;② 对办公楼"面积效率至上"法则的突破;③ 对办公楼单一化立面设计的突破。

7.3　第十届江苏省园艺博览会主展馆

7.3.1　工程概况

　　第十届江苏省园艺博览会于 2018 年 9 月在扬州仪征举办。园区选址于枣林湾生态园,地处宁镇扬边界,集 3 个城市的交通优势为一体。园区场地平坦,依山傍水,场地范围约 120 hm²。场地北侧为远期配套服务,西侧为枣林水库,东侧为世园会建设片区预留地。园区内的主体建筑包括主展馆(图 7.54)、6 个配套建筑和综合服务建筑 3 个部分,本案例主要介绍主展馆的相关设计。

7.3.2　建筑设计

　　《扬州东园图》(图 7.55)是扬州名画之一,画中东园丘陵起伏、山水环绕;园内溪桥交错,山水景致与亭台楼阁浑然一体。清代诗人程梦星的题额"别开林壑",点出了该画的立意和意境,也表达了扬州园林自唐宋以来内通外合、率性纵横的郊邑山林特点。

图 7.54　主展馆实景图

图 7.55　清·袁耀《扬州东园图》

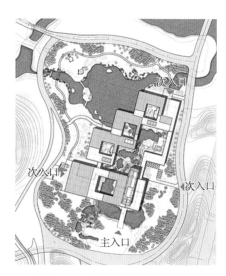

图 7.56　主展馆建筑总平面图

　　主展馆以"别开林壑"立意,吸收了《扬州东园图》中内通外合的特点,形成了"园中园"的布局(图 7.56)。首先,将展示空间按类一分为二,其大空间设置在场地南侧,并以方庭相隔、以桥廊相连,使之既分又合,互相呼应;其小空间则化整为零置于场地北侧,由若干院落组团形成围合式布局,同样分中有合,内外贯通。主展馆建筑剖面如图 7.57 所示。

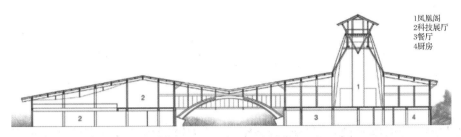

图 7.57　主展馆建筑剖面图

　　主展馆平面轴线尺寸取 8.4 M 为基本模数。一层功能上主要为餐厅、休息厅、设备机房等,空间利用合理,布局灵活(图 7.58)。二层西侧为科技展厅,中间为廊桥,东侧为凤凰阁。科技展厅、廊桥、凤凰阁采用连续坡屋顶,整体形态舒展,出檐深远(图 7.59)。主展馆以木材为主料;其基座主要采用青灰石墙;屋顶采用黛色金属瓦;墙身则在木材之外,间以仿木铝合金作为装饰,包括仿木铝合金饰面板和仿木铝合金格栅,以形成光影变化。

图 7.58　主展馆首层平面图

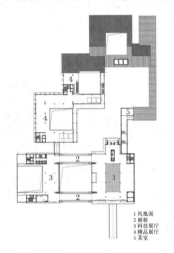

图 7.59　主展馆二层平面图

　　凤凰阁(图 7.60)纵向长度 50.4 m,横向长度 38.8 m,高度 23.8 m。结构中部设置成倒置式门式刚架,跨度 13.6 m。两侧为支撑刚架,跨度 12.6 m。

图 7.60　凤凰阁

科技展厅(图 7.61)纵向长度 42 m,横向长度 37.8 m,高度 13.05 m。外围结构采用胶合木梁柱框架结构,柱距 8.4 m。屋面采用双向张弦结构体系,跨度 25.2 m,斜交木梁长度达到 30.2 m。

凤凰阁和科技展厅通过廊桥(图 7.62)连接。廊桥跨度 29.4 m,宽度 8.4 m,采用拉杆拱结构形式,主拱矢高 6.7 m,采用变截面胶合木拱。

图 7.61　科技展厅

图 7.62　廊桥

7.3.3　主体结构设计

主展馆为整个园博会木结构配套建筑的核心,包括凤凰阁、科技展厅、廊桥三个部分,采用了包括顶部桁架的多跨刚架结构、交叉张弦胶合木结构以及拱结构等多种新颖的结构体系。各部分根据建筑功能及外形要求选择不同的结构系体,体现了木结构优越的力学特性(图 7.63)。

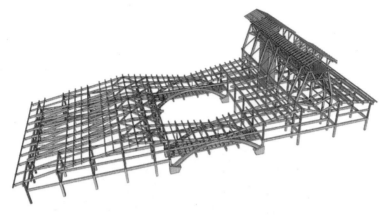

图 7.63　主展馆凤凰阁与科技展厅整体结构轴测

1. 凤凰阁

凤凰阁(图 7.64)高度 23.8 m,是目前国内单层层高最大的木结构展示馆建筑。结构整体受力类似于钢结构中多跨门式刚架结构体系,纵向通过设置柱间支撑来提高拱结构的纵向水平抗侧能力,柱间支撑沿高度方向分两段设置。室内部分在刚架端跨靠近混凝土电梯井的位置设置一道人字形支撑,顶部沿纵向玻璃幕墙方向通长设置内凹交叉支撑,巧妙地与建筑的纵向外形保持一致。凤凰阁顶部由于要承受上人平台的荷载,创新地采用了桁架外延杆件替代了传统刚架结构中的单梁构件,既满足了结构受力要求,也符合建筑内部空间造型的需求。桁架的上下弦节点与胶合木柱采取铰接形式,与变截面的胶合木柱一起形成铰接柱脚门式刚架体系。底部铰接最大限度地释放了胶合木柱柱脚的弯矩,从而大大减小了变截面柱柱底截面尺寸,与两侧边跨的柱截面尺寸协调一致。

图 7.64　凤凰阁三维模型

2. 科技展厅

科技展厅部分(图 7.65)根据功能要求采用了木-混凝土混合结构体系,在该体系中,两者既有竖向混合,又有水平向的混合,为国内木结构建筑中首次采用。屋面采用交叉张弦胶合木结构,该结构可最大限度地发挥木材的受压性能。位于张弦梁受压区的胶合木采用交叉的布置形式,可有效提高整体屋面的侧向刚度,无须额外设置侧向支撑杆件,使得整个屋盖的结构构件与建筑完美融合。张弦梁支座一侧为铰接支座,一侧为滑移支座,施工中待屋面构件安装完毕并张紧拉索后,将滑移支座限位装置固定,从而最大限度地减少前期施工过程中荷载对胶合木柱的推力作用。

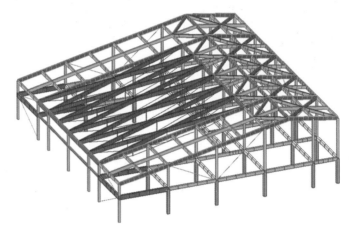

图 7.65　科技展厅三维模型

3. 廊桥

廊桥(图 7.66)是连接凤凰阁与科技展厅之间的交通枢纽,共两座,二者相互平行。廊桥跨度 29.4 m,宽 8.4 m,采用下承式的拉杆拱结构体系。拱结构可有效发挥木材的受压特性,从而提升结构性能,节约木材。胶合木主拱采用变截面形式,矢高 6.7 m,桥面纵梁通过拉杆悬挂在主拱上,桥面设置交叉拉杆,增加整体稳定性。

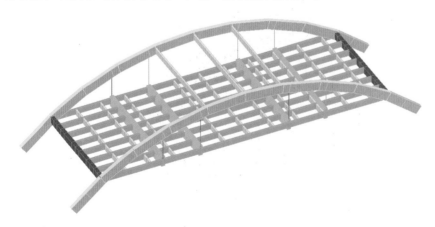

图 7.66　廊桥三维模型

科技展厅、廊桥和凤凰阁的主要构件尺寸如表 7.8 所示。

表 7.8 主要构件尺寸

项目	构件	截面/mm×mm	材质
科技展厅	张弦梁	210×600	胶合木
	主梁	300×600	胶合木
	次梁	130×300	胶合木
	撑杆	直径 150 mm	胶合木
	拉索	直径 32 mm	预应力镀锌钢绞线
廊桥	主拱	400×(700~1800)	胶合木
	横梁	300×800	胶合木
	纵梁	170×400	胶合木
	次梁	130×400	胶合木
凤凰阁	木柱 1	4-150×150	胶合木
	木柱 2	2-150×(400~800)	胶合木
	主梁 1	210×800	胶合木
	主梁 2	210×600	胶合木
	屋架梁	210×400	胶合木
	柱间支撑	210×210	胶合木

7.3.4 连接节点设计

主展馆除了在结构体系方面有创新性的应用外,还综合应用了格构型木柱、装配式螺栓隐式节点、植筋装配式节点以及自攻螺钉增强等性能提升技术。无论在提高装配效率,减小安装误差方面,还是在提升结构性能品质方面均取得了良好的效果。

1. 组合柱

为了减小柱截面构件尺寸,主体结构胶合木柱采用了格构式的组合柱,统一采用150 mm 宽度的分肢柱与薄壁核心钢管组合而成。钢管在结构中并不起直接受力的作用,但高效解决了分肢木柱的连接问题;同时可用于照明、水电等线路的隐藏,减少线路露明的情况(图 7.67)。

图 7.67 组合柱

2. 装配式螺栓隐式节点

梁、柱连接采用隐藏的螺栓(销栓)节点,此类节点可提升木结构节点延性,隐式的连接满足了建筑对纯木外观的需求,同时隐藏的钢连接件可提升防火能力(图 7.68)。

图 7.68 梁柱隐式连接节点

3. 植筋装配式节点

木柱柱脚采用植筋装配式节点,部分连接件在木结构加工厂完成固定,施工现场仅需安装柱脚螺栓与基础预埋件的连接,降低安装难度同时也减少了误差,在确保节点安全可靠的情况下,提高了安装效率(图 7.69)。

图 7.69　柱脚植筋节点

4. 自攻螺钉增强技术

为提高螺栓节点的延性和承载能力,同时避免内力较大处节点木材发生横纹劈裂的情况,部分节点采取了自攻螺钉增强的技术(图 7.70)。

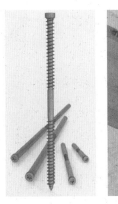

图 7.70　自攻螺钉增强

7.3.5　安装过程

所有预制胶合木构件均在工厂加工完成,施工现场直接组装,施工效率高,可大大缩短施工工期。

1. 凤凰阁安装过程

先将 4 根胶合木柱通过柱脚连接件固定到支座上,再通过柱间连接件将 4 根独柱连接,形成整体。然后安装中间拼接刚架,首先固定中间核心钢管,再将折线形木刚架通过螺栓紧固件与核心钢管连接成整体,在此安装过程中应设置柱间临时支撑。另外需注意螺栓开孔位置,控制安装误差,避免出现螺栓孔位对不上的情况。

木柱安装完成后安装柱间水平木梁,需在刚架范围内安装脚手架并搭建施工平台,待平台安装完成后再吊装刚架之间的木梁。木梁安装完成后即可拆卸相应的临时支撑。在凤凰阁主体刚架及水平木梁安装完成后,进行上部木桁架及观景平台构件的安装,待观景平台安装完成后,即可进行屋面梁及椽条的安装(图 7.71)。

图 7.71　凤凰阁施工过程

2. 科技展厅安装过程

首先安装木柱,并设置临时支撑,确保木柱自身稳定。可以将外围的一圈木梁先进行初步安装,提高木柱的整理稳定性。

然后布置满堂脚手架,进行屋面构件安装。在木柱上安装连接件后,安装主梁。科技厅屋面为双向胶合木张弦梁结构体系,先在地面进行预拼装,完成一榀张弦梁,再将木梁安装到两侧主梁支座处,轴为铰接支座,轴为滑移支座,预留 10 mm 滑移量。张弦梁安装完成后,安装撑杆及拉索。随后安装次梁、横撑等其他次要构件。

屋面构件安装完成前,拉索并未施加预应力,此时张弦梁处于零状态。在屋面构件安装完毕后,开始张拉,调节拉索,施加预应力,此时须注意控制预应力大小,以撑杆垂直度和胶合木梁变形同时作为控制值。施加预应力完毕后,将轴上的支座固定,限制滑移(图 7.72)。

图 7.72 科技展厅施工过程

3. 廊桥安装过程

首先在混凝土支座上安装拱脚连接件,随后可采用两台吊车同时将1片主拱的两端构件固定到两侧支座上,再连接两段拱的中间拼合节点,从而实现一片主拱的架设,此时需要对拱进行临时支撑。用同样的方法将另一片拱搭设完毕,将两片拱共同侧向临时构件支撑。随后安装竖向拉杆,横梁通过拉杆固定。横梁安装完成后,进行桥面构件安装,先安装纵梁,待纵梁安装完成后,安装桥面次梁及拉杆。待拱桥构件安装完成后,进行屋顶构件安装,由于拱上较长的构件是由两侧屋面延伸过来,此阶段也同时实现两侧屋盖的连接,使之形成一个整体(图 7.73)。

7.3.6 工程总结与思考

本工程主展馆无论是结构技术、建造施工还是建筑设计本身均取得了一定创新,对于中国现代木结构建筑的发展产生了不小的推动作用。它先后获得了国家绿色建筑设计标识和江苏省建筑产业现代化项目创新奖。同时,在木材的防火、防蛀等安全要求上,在结构计算上,以及由高大中庭空间突破现行设计消防规范所需要进行的性能化设计问题上也取得了进展,其可行性在专题论证时得到了中国木结构建筑消防规范编制专家的高度认可。

图 7.73   廊桥施工过程

参 考 文 献

［1］李桦,宋兵.公共租赁住房居室工业化建造体系理论与实践［M］.北京:中国建筑工业出版社,2014.

［2］文林峰.装配式混凝土结构技术体系和工程案例汇编［M］.北京:中国建筑工业出版社,2017.

［3］李青山,黄英.装配式混凝土建筑:结构设计与拆分设计200问［M］.北京:机械工业出版社,2018.

［4］中建科技有限公司,中建装配式建筑设计研究院有限公司,中国建筑发展有限公司.装配式混凝土建筑设计［M］.北京:中国建筑工业出版社,2017.

［5］叶钦辉.装配式建筑立面多样化设计方法研究［D］.长沙:湖南大学,2018.

［6］朱国阳.预制混凝土建筑外墙设计初探［D］.南京:南京工业大学,2016.

［7］刘丹.装配式建筑设计标准体系构建研究［D］.哈尔滨:东北林业大学,2018.

［8］王星辰.装配式住宅形态的多样化设计初探［D］.西安:长安大学,2018.

［9］陈伟.装配式GRC装饰一体化围护结构的基本性能研究［D］.南京:东南大学,2018.

［10］王心如.建筑模块化设计探究［D］.青岛:青岛理工大学,2016.

［11］樊则森.集成设计:装配式建筑设计要点［J］.住宅与房地产,2019(2):98－104.

［12］樊则森.技术之美:装配式建筑的魅力［J］.住宅与房地产,2018(11):65－72.

［13］樊则森.建立装配式建筑的系统思维和集成方法［J］.住宅与房地产:综合版,2017(1):72－73.

［14］叶浩文,周冲,樊则森,等.装配式建筑一体化数字化建造的思考与应用［J］.工程管理学报,2017(5):85－89.

［15］中国建筑标准设计研究院有限公司.工业化建筑尺寸协调标准(征求意见稿)［S］.北京:中国计划出版社,2021.

［16］上海市住房和城乡建设管理委员会.装配整体式混凝土中小学学校建筑设计图集(报批稿)［Z］.

［17］张九学.现代医院建筑设计参考图集［M］.北京:清华大学出版社,2012.

［18］张宗尧,李志民.中小学建筑设计［M］.2版.北京:中国建筑工业出版社,2009.

［19］罗运湖.现代医院建筑设计［M］.2版.北京:中国建筑工业出版社,2010.

［20］张奕,施杰,柴锐.回应气候的绿色校园建构:基于被动式绿色理念的南京岱山初级中学设计［J］.建筑技艺,2019(1):50－55.

［21］周亮.模块化综合医院建筑的系统化分级研究［D］.上海:同济大学,2008.